普通高等教育机电类系列教材

# 机械制造技术课程设计

主　编　万宏强

副主编　汪庆华

参　编　姚敏茹　刘　峥　韩权利

机 械 工 业 出 版 社

本书是普通高等教育机电类本科层次机械设计制造及其自动化专业的实践课程教材，以机械零件的机械加工工艺规程和专用夹具设计为重点，主要介绍设计方法，为学生进行课程设计提供详细的设计指导、设计范例及工艺设计资料等。全书共分 8 章，内容包括课程设计总体要求、零件工艺分析与毛坯设计、工艺规程编制、切削用量计算、机床夹具设计、典型设计题目与夹具示例、课程设计示例和课程设计图例。在课程设计图例中给出了轴杆类、轮盘类、支架类、支座类、箱体类、杆叉类零件设计参考题目共 35 个，并提供了 SolidWorks2018 版三维模型，用书教师可在机工教育网（www.cmpedu.com）注册后下载。

本书可作为高等院校本科、高职高专等机械类专业学生的"机械制造技术课程设计"教学用书，供机械制造工艺课程设计和毕业设计时使用，还可作为该专业"国家卓越工程师计划"实验班教材，也可供有关工程技术人员参考。

**图书在版编目（CIP）数据**

机械制造技术课程设计/万宏强主编. —北京：机械工业出版社，2020.12（2025.1 重印）

普通高等教育机电类系列教材

ISBN 978-7-111-66336-2

Ⅰ.①机… Ⅱ.①万… Ⅲ.①机械制造工艺-课程设计-高等学校-教材 Ⅳ.①TH16

中国版本图书馆 CIP 数据核字（2020）第 152602 号

机械工业出版社（北京市百万庄大街 22 号 邮政编码 100037）

策划编辑：余 皞 责任编辑：余 皞

责任校对：王明欣 封面设计：张 静

责任印制：常天培

北京机工印刷厂有限公司印刷

2025 年 1 月第 1 版第 7 次印刷

184mm×260mm · 12.25 印张 · 301 千字

标准书号：ISBN 978-7-111-66336-2

定价：34.80 元

电话服务　　　　　　　　网络服务

客服电话：010-88361066　　机 工 官 网：www.cmpbook.com

　　　　　010-88379833　　机 工 官 博：weibo.com/cmp1952

　　　　　010-68326294　　金 书 网：www.golden-book.com

**封底无防伪标均为盗版**　　机工教育服务网：www.cmpedu.com

# 前　言

　　机械制造技术课程设计是面向机械设计制造及其自动化专业的核心课程，本课程设计是在完成机械制造工程学或机械制造技术课程学习以及金工、生产实习之后的一个综合性实践教学环节。学生通过课程设计，能综合运用所学基本理论以及在金工、生产实习中学到的实践知识进行工艺及夹具结构设计的训练，掌握并运用机械制造过程中的加工方法、加工装备等基本知识，提高分析和解决实际工程问题的能力，为今后从事科学研究、工程技术工作打下较坚实的基础。本课程设计旨在使学生掌握工艺设计专业知识并能够应用于实践中，逐步培养和提高学生自主学习，结合文献对具体工艺设计问题进行研究、分析，并获得有效结论的能力；掌握设计满足特定需求的零件工艺流程方法，并且在设计和决策环节中体现经济性、安全性以及创新意识；能够熟练运用手册、图表、规范等技术资料完成设计并撰写设计文档，通过讨论与答辩提高与业界同行进行有效沟通的能力。

　　本书阐述了课程设计的内容和要求，介绍了机械加工工艺规程的制定及计算的步骤和方法，对常用工艺装备的选择、加工余量的计算、切削余量的确定做了详细的说明，并且叙述了机床专用夹具的设计方法，提供了一些常用元件的图表参数供学生进行课程设计时参考。全书共分8章，第1章介绍了课程设计总体要求，为配合三维软件的应用，在课程设计的总体要求中加入了三维设计的内容，要求学生使用三维软件完成部分设计任务；为配合数控机床的教学，要求学生在编制工艺时能考虑到数控机床的使用，并编写数控加工工艺；条件允许时，在教学安排上与综合专业实践相结合，对零件进行实际加工，并对加工完成后的零件尺寸精度、形状精度、位置精度等进行测量实践。第2章对零件工艺分析与毛坯设计进行指导。第3章为工艺规程编制，主要讲述了加工方法选择过程、工序加工余量计算过程及相关数据、常用机床设备及其相关参数、常用金属切削刀具及其相关参数、常用量具及其相关参数、常用切削液类型及其相关参数、机械加工定位与夹紧符号、工艺文件填写有关图表等。第4章给出了车削、铣削、插削、拉削、孔加工等切削用量计算公式及有关参数。第5章为机床夹具设计，列举了机床夹具常用定位件、夹紧件和其他标准件的相关选型数据及三维模型图。第6章为典型设计题目与夹具示例，给出了CA6140车床后托架、法兰盘及5个拨叉的典型夹具的三维模型。第7章为课程设计示例，给出了课程设计说明书的主要设计过程。第8章为课程设计图例，给出了35个轴杆类、轮盘类、支架类、支座类、箱体类、杆叉类零件的图样。

　　本书由西安工业大学万宏强任主编，编写分工如下：汪庆华编写了第1、2章，万宏强编写了第3、4章，韩权利编写了第5章，刘峥编写了第6、7章，姚敏茹编写了第8章。

　　本书在编写过程中参考了国内外相关的标准、教材和其他研究成果，尤其是第8章中的设计参考图例参考了相关文献，在此向这些参考资料的作者表示感谢！

　　由于编者水平有限，本书难免有不妥之处，恳切希望广大读者批评指正，以利于今后改进提高，为机械制造课程的改革和教学质量的提高做出贡献。

编　者

# 目  录

第1章

▶▶▶▶▶▶▶

# 课程设计总体要求

## 1.1 课程目标与毕业要求

通过"机械制造技术课程设计"的教学，使学生能够具备课程目标所述的能力，并满足其毕业要求。

课程目标：①能够自主分析问题并查阅手册、图表、规范等相关资料，锻炼自主学习能力。②能够依据给定条件制订工艺路线并分析，掌握制订工艺路线的方法。③能够对工艺规程相关内容进行计算并做出合理选择，填写工艺规程。④能够针对某道工序设计专用夹具，绘制夹具装配图和零件图及其三维模型。⑤能够有条理的总结设计过程，掌握设计说明书的编写能力。

本课程能支撑的毕业要求有：①能够设计满足特定需求的机电系统、机械零部件及制造工艺，在设计环节中体现创新意识。②理解机械工程相关的技术标准、知识产权、产业政策和法律法规。③能认识、评价工程实践和复杂机械工程问题解决方案对社会、健康、安全、法律以及文化的影响，并理解应承担的责任。④能够承担多学科团队中负责人、团队成员的角色和责任，与其他团队成员共享信息，合作共事。⑤能够运用报告、图样、设计文件等技术语言，通过书面或口头方式与业界同行及社会公众进行有效沟通。⑥能够将工程管理与经济决策的基本方法应用于机电产品的开发、设计、制造及改进中。⑦能够通过信息综合独立地归纳、总结和凝练问题，并判断先验的局限性。⑧掌握跟踪机械工程领域相关知识、技术和工具发展的方法，具有不断学习和适应发展的能力。

## 1.2 课程设计内容

机械制造技术课程设计内容包括下述各项。

### 1. 工艺分析

1）理解零件的结构，用三维软件对零件建模，并绘出零件二维工程图。

2）零件的加工工艺审查。

3）设计毛坯，分析计算毛坯余量，用三维软件对毛坯建模，并导出毛坯二维工程图。

### 2. 工艺编制

1）编制零件的工艺流程，适当工序应使用先进的加工设备。

2）填写工艺卡片（可使用电子版）。

**3. 夹具设计**

1) 设计某道工序使用的夹具，确定使用专用夹具或组合夹具，进行夹具结构设计。

2) 利用《机床夹具手册》和《组合夹具手册》，选取夹具所用的标准零件，并设计专用零件。

3) 仿真夹具的三维装配，并提交夹具的二维工程图（装配图）。

**4. 零件制造**

参考所编工艺文件，指导实验室完成该零件的加工。

**5. 数控加工**

1) 对零件进行手工数控编程（或用 MasterCam 等软件实现自动数控编程）。

2) 熟悉数控机床操作面板上各控制键的操作（如加工中心、数控慢走丝线切割机床、数控雕刻加工机床、数控电火花成型机）。

3) 加工仿真或实际加工。

**6. 测试实验**

1) 对加工完成后的零件尺寸精度、形状精度、位置精度等进行测量，提交测量结果报告。

2) 比较测量结果和零件设计图，分析加工工艺。

3) 撰写《课程设计说明书》1 份。内容包括：（1）零件分析。（2）工艺规程的编制与各种参数的计算。（3）机床夹具定位方案的选择，定位误差的计算与分析。（4）机床夹具夹紧型式的选择，夹紧力的计算与确定。（5）机床夹具的使用及其他事项的说明。（6）其他应包括的内容。

# 1.3 课程设计要求

1) 产品零件工程图：1 张。

2) 产品三维模型：1 个。

3) 产品毛坯工程图：1 张。

4) 产品三维模型：1 个。

5) 机械加工工序卡片：1 套。

6) 夹具总装工程图：1 张。

7) 夹具装配三维模型：1 套（可选）。

8) 夹具主要零件工程图：若干张。

9) 测量结果报告：1 份。

10) 加工完成的零件：每组 1 件。

11) 设计说明书（含数控代码）：1 份。

# 1.4 成绩考核

该课程设计安排为独立课程设计，设计最终成绩按各项目的成绩综合计算，各项目的考核占比分为：设计工程图、三维模型、设计说明书等计入理论成绩，占 40%；平时、实验、操作成绩计入实践成绩，占 20%；答辩成绩占 40%（表 1-1）。

表 1-1　考核及成绩评定参考表

| 成绩评定 | 评价环节 | 评估课程目标 |
|---|---|---|
| 平时成绩（20%） | 辅导、交流情况（10%） | 1 |
| | 学习态度（10%） | 1 |
| 设计资料（40%） | 图样（10%）和工艺规程（15%） | 2、3、4 |
| | 说明书（15%） | 5 |
| 答辩（40%） | 阐述主要内容，回答问题 | 1、2、3、4、5 |

课程设计的成绩分为优秀、良好、中等、及格和不及格等五级，成绩评定主要取决于下述几个方面：

1）文献查阅情况，参加答疑讨论情况，综合分析情况。

2）针对设计要求提出工艺方案的合理性，方案论证情况。

3）设计说明书内容的完整性、分析计算的准确性，技术规范符合程度，工艺卡片正确与规整程度。

4）图样正确程度，图样与技术要求和国家标准符合程度，图样质量及工作量。

5）答辩时对问题的分析、理解能力。

6）团队活动中团队合作意识，承担相关角色的能力。

## 1.5　设计步骤

课程设计总时间为 4 周，少学时可依据实际情况对内容进行删减，设计步骤流程图如图 1-1 所示，大体可分为以下几个阶段：

**1. 设计准备阶段**

学生分组，接受设计任务，明确设计内容和要求。

收集资料、消化资料。

参观生产现场，了解机械零件的具体结构和使用要求。根据任务书要求的零件，由指导教师带领学生分组研究零件。

**2. 设计阶段**

1）绘制工件零件图和毛坯图

分析零件结构，进行工艺性审查。审查零件图中有无差错或不合理之处。根据零件的材料和生产纲领，选择适当的毛坯制造方法。通过查表和简单计算，确定各表面的加工余量。按规定的画法绘制毛坯图图样。

2）编制工艺规程

首先，拟定工艺路线，主要的工作有选择加工方法，确定机床和工艺装备。确定工序内容和安排工序顺序。确定工序余量、工序尺寸及其偏差。其次，技术经济分析。再次，填写工艺文件。

3）设计、绘制夹具装配图及零件图。

4）撰写设计说明书。

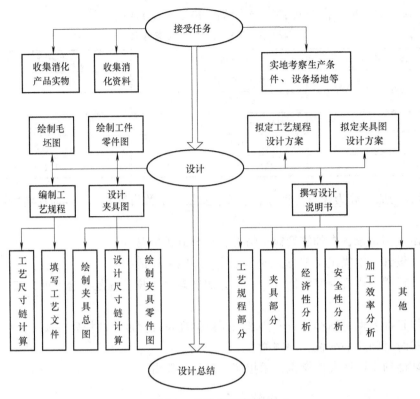

图 1-1　设计步骤流程图

### 3. 设计总结阶段

学生进行课程设计答辩，对存在问题作进一步修正，教师对本次设计情况做出全面总结。

具体时间安排可参考表 1-2，实际进行设计时，也可按零件加工难度和工作进度作小幅调整。

# 1.6　设计题目

课程设计的题目由指导教师给出，年生产纲领为 5000 件/年。《机械制造技术课程设计任务书》见表 1-3。

各零件可在指导教师的带领下参观、讨论，了解各零件的作用、关键尺寸、重要表面等，为后续的加工工艺作准备。

表 1-2　时间安排参考表

| 序号 | 课程设计内容 | 计划学时/天 | 备　注 |
|---|---|---|---|
| 1 | 任务布置,收集、消化资料 | 1 | 在相关主干课程中进行 |
| 2 | 工艺分析(零件的设计与工艺分析,毛坯图的设计) | 3 | |
| 3 | 工艺编制 | 4 | |
| 4 | 夹具设计 | 5 | |

（续）

| 序号 | 课程设计内容 | 计划学时/天 | 备 注 |
|---|---|---|---|
| 5 | 零件制造 | 2 | 掌握生产进度,指导生产 |
| 6 | 数控加工 | 1 | 按零件制造进度,自由安排该内容 |
| 7 | 测试实验 | 1 | 所有零件加工完成后,最后1天完成 |
| 8 | 撰写设计说明书及答辩 | 3 | |
| | 合计 | 20 | |

**表 1-3 机械制造技术课程设计任务书**

机械制造技术课程设计任务书

（ 学年 第 学期）

| 课 题 名 称 | 设计某零件的机械加工工艺规程及此零件某工序的夹具 | | |
|---|---|---|---|
| 适 用 专 业 | | 班级 | |
| 课程设计时间 | | | |

一、课题内容简介及要求

综合运用所学知识,设计某零件的机械加工工艺规程及此零件某工序的夹具。

1. 绘制该零件工程图:1张。

2. 建立该零件三维模型:1个。

3. 绘制该零件毛坯工程图:1张。

4. 编制该零件机械加工工艺过程,并填写工序卡片(可使用电子版):1套(个人或团队完成)。

5. 设计某指定工序夹具总装工程图(含组合夹具):1张。

6. 绘制该夹具全部非标零件工程图:若干张。

7. 建立该夹具装配体三维模型:1套(可选)。

8. 编写设计说明书:1份。

二、主要设计参数

全部制造参数及加工要求见零件图样。

三、进度安排

| 序号 | 实习(课程设计)内容 | 教学形式 | 时间/天 |
|---|---|---|---|
| 1 | 讲解设计题目、设计要求;了解设计内容,准备设计相关资料、工具 | 项目实践 | 1 |
| 2 | 工艺分析(零件的设计与工艺分析,毛坯图的设计),读零件图、绘制零件图 | 项目实践 | 3 |
| 3 | 编制工艺规程、计算 | 项目实践 | 4 |
| 4 | 填写工序卡、过程卡、检验卡 | 项目实践 | 2 |
| 5 | 夹具设计,绘制夹具装配图 | 项目实践 | 4 |
| 6 | 三维设计 | 项目实践 | 5 |
| 7 | 考核与答辩 | | 1 |
| | 合计 | | 20 |

四、工作量要求

1. 说明书字数:大于5000字。

2. 图样要求:同课题内容简介及要求。

指导教师:

时间:

# 零件工艺分析与毛坯设计

## 2.1 概述

正确的设计，来源于正确的设计思想。就解决工艺问题而言，设计者必须正确理解和处理好"质量、效率和经济性"这三者间的辩证关系，即在保证零件加工质量要求的前提下，满足用户对生产效率的要求，力求最高经济效益。若加工质量达不到设计要求，效益就失去了基础，生产效率的高低也就没有意义了。

生产效率和经济性之间的关系，主要体现在"批量法则"这一概念之下，诸如确定毛坯、选择加工方法和工艺装备、各种工艺措施，其生产效率的高低，都应与生产类型相适应。表 2-1 所示为各种生产类型的工艺特征，表 2-2 所示为不同产品生产类型的划分。

表 2-1 各种生产类型的工艺特征

| 特征 | 类型 | | |
|---|---|---|---|
| | 单件生产 | 成批生产 | 大量生产 |
| 零件生产形式 | 事先不决定是否重复生产 | 周期地成批生产 | 长时间连续生产 |
| 毛坯制造方法及加工余量 | 铸件用木模手工造型，锻件用自由锻。毛坯精度低，加工余量大 | 部分采用金属模铸造或模锻，毛坯精度和加工余量中等 | 广泛采用金属模机器造型、模锻或其他高效方法。毛坯精度高，加工余量小 |
| 机床设备及布置 | 采用通用机床，按机群式布置 | 采用部分通用机床及部分高生产率专用机床，按零件类别分工段安排 | 广泛采用高效率专业机床及自动机床，按流水线排列或采用自动线 |
| 夹具 | 多用通用夹具，靠划线和试切法保证加工精度 | 用专用夹具，部分靠划线和试切法保证加工精度 | 广泛采用高生产率专用夹具，靠夹具及调整法保证加工精度 |
| 刀具及量具 | 采用通用刀具及万能量具 | 较多采用专用刀具及万能量具 | 广泛采用高生产率专用刀具及量具 |
| 工艺文件 | 只编制简单的工艺过程卡片 | 编制较详细的工序卡片 | 编制工序卡片，有详细的工艺文件 |

安全生产的思想必须牢固树立，特别是夹具设计，时刻牢记：没有安全保证的设计是毫无使用价值的。

表2-2 不同产品生产类型的划分

| 生产类型 | 同种零件生产纲领/(件/年) | | |
| --- | --- | --- | --- |
| | 轻型机械产品<br>零件质量小于100kg | 中型机械产品<br>零件质量100~200kg | 重型机械产品<br>零件质量大于200kg |
| 单件生产 | <100 | <20 | <5 |
| 小批生产 | 10~500 | 20~200 | 5~100 |
| 中批生产 | 500~5000 | 200~500 | 100~300 |
| 大批生产 | 5000~50000 | 500~5000 | 300~1000 |
| 大量生产 | >50000 | >5000 | >1000 |

## 2.2 零件工艺分析

### 2.2.1 零件图绘制

确定了设计课题，就可以开始绘制零件图。绘图比例一般取 1:1，若图样简单，也可按实际情况进行缩小绘制，国标规定的比例可选 1:2，1:5，1:10 等。

图纸幅面如图 2-1 所示，图中尺寸为外图框尺寸，外框用细实线绘制，内框用粗实线绘制。

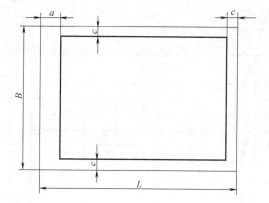

| 幅面代号 | $B×L$/(mm×mm) | $c$/mm | $a$/mm |
| --- | --- | --- | --- |
| 0 | 841×1189 | | |
| 1 | 594×841 | 10 | |
| 2 | 420×594 | | 25 |
| 3 | 297×420 | 5 | |
| 4 | 210×297 | | |

注：在CAD绘图中对图纸有加长加宽的要求时，其加长量应按基本幅面的短边成整数倍增加。

图 2-1 图纸幅面

标题栏一般由更改区、签字区、其他区、名称及代号区组成，如图 2-2 所示。

工程图中的标题栏应遵守 GB/T 10609.1—2008 中的有关规定，每张 CAD 工程图均应配置标题栏，并应配置在图框的右下角，CAD 工程图中标题栏的格式如图 2-3 所示。注意：标题栏绘制时的线型区别，带括号的字符要用实际字符代替，"标记"栏项目不填写，字体选用"仿宋"。不允许使用教学型简图。

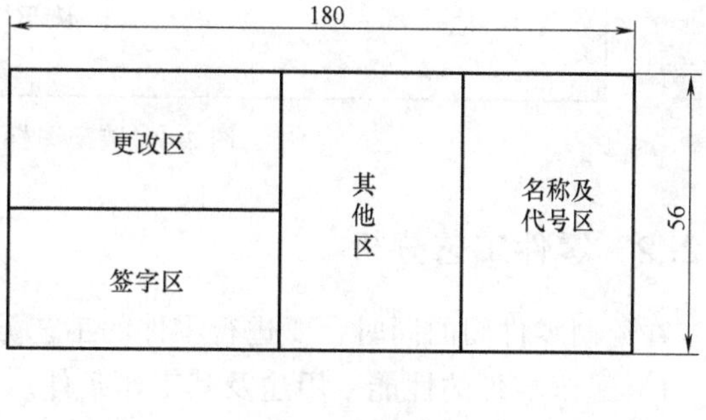

180

| 更改区 | 其他区 | 名称及代号区 |
| --- | --- | --- |
| 签字区 | | |

56

图 2-2 标题栏各区

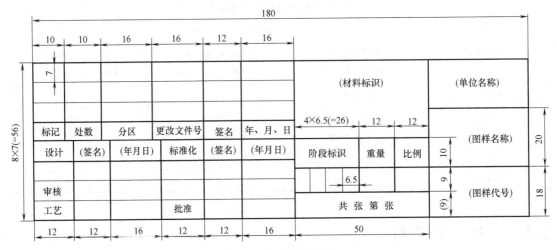

图 2-3　零件图标题栏

CAD 工程图中的明细栏应遵守 GB/T 10609.2—2009 中的有关规定，CAD 工程图中的装配图上一般应配置明细栏，如图 2-4 所示。明细栏一般配置在装配图中标题栏的上方，按由下而上的顺序填写，当由下而上延伸位置不够时，可紧靠在标题栏的左边自下而上延续。明细栏中序号自下向上排列，代号栏如果有零件图时，则填写零件图的"图样代号"，标准件则填写国标代号。装配图中不能在标题栏的上方配置明细栏时，可作为装配图的续页按 A4 幅面单独绘出，其顺序应是由上而下延伸。

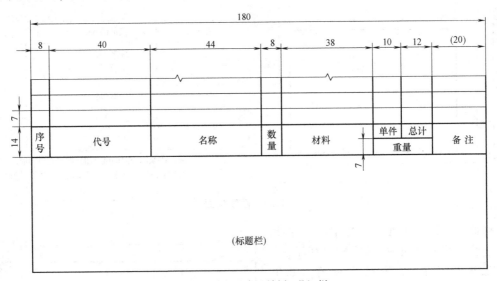

图 2-4　装配图标题栏与明细栏

## 2.2.2　零件工艺分析

在绘制零件图的同时，要进行零件的工艺分析和审查：

1）了解零件的性能、用途及其工作条件。

2）参考表 2-1 和表 2-2，根据零件的重量、型别和生产纲领，并适当考虑零件的复杂程度、加工面的多少和难易程度确定零件的生产类型。

3）分清零件的加工表面和不加工表面，找出主要加工表面和主要质量要求。

4）了解零件的材料和热处理要求及其他技术要求。

5）审查零件图中有无差错或不合理之处，若有，可在指导教师指导下进行适当处置。

## 2.3 毛坯设计

### 2.3.1 毛坯制造方法

机器零件最常用的毛坯有铸件、锻件、焊接件和型材，毛坯选择的主要依据是零件材料、结构特点、性能要求、尺寸大小和生产类型。

选择毛坯应考虑的因素：

**1. 零件的力学性能要求**

相同的材料采用不同的毛坯制造方法，其力学性能有所不同。铸铁件的强度，按离心浇注、压力浇注、金属型浇注、砂型浇注依次递减；钢质零件的锻造毛坯，其力学性能高于钢质棒料和铸钢件。

**2. 零件的结构形状和外廓尺寸**

直径相差不大的阶梯轴宜采用棒料，相差较大时宜采用锻件。形状复杂、力学性能要求不高的零件可采用铸钢件。形状复杂和薄壁的毛坯不宜采用金属型铸造。尺寸较大的毛坯，不宜采用模锻、压铸和精铸，多采用砂型铸造和自由锻造。外形复杂的小零件宜采用精密铸造方法。

**3. 生产纲领和批量**

生产纲领大时宜采用高精度与高生产率的毛坯制造方法，生产纲领小时，宜采用设备投资小的毛坯制造方法。

**4. 现场生产条件和发展**

毛坯制造方法的选择应经过技术经济分析和论证。

选择毛坯制造方法可参考表 2-3（热加工毛坯制造方法与工艺特点）和表 2-4（冷加工毛坯制造方法与工艺特点）。

表 2-3 热加工毛坯制造方法与工艺特点

| 毛坯制造方法 | | 最大重量/kg | 形状复杂程度 | 适用材料 | 生产类型 | 精度等级（CT） | 毛坯尺寸公差/mm | 生产率 | 应用 |
|---|---|---|---|---|---|---|---|---|---|
| 铸造 | 木模手工砂型 | 无限制 | 最复杂 | 铁碳合金/有色金属 | 单件小批 | 11~13 | 1~8 | 低 | 表面有气孔、砂眼 |
| | 金属模机械型 | ≤250 | 最复杂 | 铁碳合金/有色金属 | 大批大量 | 8~10 | 1~3 | 高 | 设备复杂 |
| | 金属型浇注 | ≤100 | 一般 | 铁碳合金/有色金属 | 大批大量 | 7~9 | 0.1~0.5 | 高 | 结构细密，能承受较大压力 |
| | 离心铸造 | ≤200 | 回转体 | 铁碳合金/有色金属 | 大批大量 | — | 1~8 | 高 | 力学性能好，砂眼少，壁厚均匀 |

（续）

| 毛坯制造方法 | | 最大重量/kg | 形状复杂程度 | 适用材料 | 生产类型 | 精度等级（CT） | 毛坯尺寸公差/mm | 生产率 | 应用 |
|---|---|---|---|---|---|---|---|---|---|
| 铸造 | 自由锻造 | 不限制 | 简单 | 碳素钢/合金钢 | 单件小批 | 14～16 | 1.5～10 | 低 | 要求工人技术水平高 |
| | 模锻（锤锻） | ≤100 | 和锻模有关 | 碳素钢/合金钢 | 成批大量 | 12～14 | 0.2～2 | 高 | 锻件力学性能好,强度高 |
| | 精密模锻 | ≤100 | 和锻模有关 | 碳素钢/合金钢 | 成批大量 | 11～12 | 0.05～0.1 | 高 | 精度高,加热条件好,变形小 |
| 焊接 | 熔化焊、压焊 | 不限制 | 简单 | 碳素钢/合金钢 | 单件成批 | 14～16 | 4～8 | — | 制造简单,生产周期短 |

表 2-4　冷加工毛坯制造方法与工艺特点

| 毛坯制造方法 | | 最大重量/kg | 形状复杂程度 | 适用材料 | 生产类型 | 精度等级（CT） | 毛坯尺寸公差/mm | 表面粗糙度 $Ra/\mu m$ | 生产率 | 应用 |
|---|---|---|---|---|---|---|---|---|---|---|
| 冷挤压 | | 小型零件 | 简单 | 碳素钢/合金钢/有色金属 | 大批量 | 6～7 | 0.02～0.05 | 1.6～0.8 | 高 | 精度高的小零件,不需机械加工 |
| 板料冷冲压 | | 板厚 0.2～6mm | 复杂 | 各种板材 | 大批量 | 9～12 | 0.05～0.5 | 1.6～0.8 | 高 | 有一定的尺寸形状精度 |
| 型材 | 热轧 | | 简单 | 碳素钢/合金钢 | 各种批量 | 4～15 | 1～2.5 | 12.5～6.3 | 高 | 普通精度,采用热轧 |
| | 冷轧 | | 简单 | 碳素钢/合金钢 | 大批量 | 9～12 | 0.05～1.5 | 3.2～1.6 | 高 | 精度高,价格贵,适于自动及转塔车床 |

## 2.3.2　毛坯设计

### 1. 铸造毛坯

铸造毛坯图一般包括以下内容：铸造毛坯的形状、尺寸及公差、加工余量与工艺余量、铸造斜度及圆角、分型面、浇冒口残根位置、工艺基准及其他有关技术要求。铸造毛坯图上技术条件一般包括下列内容：

1）材料牌号。

2）铸造方法。

3）铸造的精度等级。

4）未注明的铸造斜度及圆角半径。还包括：铸件综合技术条件、铸件的检验等级、铸件交货状态（如允许浇冒口残根大小等）、铸件是否进行气压或液压试验、热处理硬度等。

绘制铸造毛坯图时应注意：

1）铸造孔的最小尺寸。在铸造工艺上为制造方便，一般当铸造孔径较小时可不铸出，如果零件上的孔难以机械加工，小孔也可铸出。

2）铸造斜度。对于砂型铸件常选用3°，压铸件常选用1°30′~2°，待加工表面的斜度数值可以大一些，非加工表面斜度数值可适当减小，最小铸造斜度可参照表2-5选取。为便于模具制造及造型，各面斜度数值应尽量一致。

3）圆角半径。各种铸造方法的铸造圆角，对于砂型及金属型铸件一般用$R3~R5$，对压铸件用$R1~R2$。

表2-5 各种铸造方法的铸件最小铸造斜度

| 斜度位置 | 铸造方法 | | | |
|---|---|---|---|---|
| | 砂型 | 金属型 | 壳型 | 压铸 |
| 外表面 | 0°30′ | 0°30′ | 0°20′ | 0°15′ |
| 内表面 | 1° | 1° | 0°20′ | 0°30′ |

### 2. 锻造毛坯

锻造毛坯图的设计步骤为：阅读零件图样，了解零件材料、结构特点、使用要求；审核零件结构的模锻工艺性，协调基准，工艺凸台等冷、热加工工艺要求；选择锻造方法和分模位置；绘制图样，加放余量、确定起模角、圆角、孔腔形状；校核壁厚。

### 3. 型材毛坯

型材截面形状有圆形、方形、六角形及特殊形状，并有冷拔和热轧之分，冷拔精度较高，用于自动夹紧、送料加工，加工可靠性好；热轧精度较低，用于一般要求的机器零件。

## 2.3.3 毛坯图绘制与加工余量的确定

### 1. 总体要求

1）对于非切削加工表面，毛坯尺寸即零件尺寸，公差值也保持不变。

2）对于切削表面，铸件和锻件毛坯尺寸的确定有两种方案，其一为根据毛坯制造方法，直接在手册上查取毛坯总余量，同时可得到公差；其二待各工序加工余量确定后，计算出加工总余量及其公差。

3）绘制毛坯图时，毛坯零件图按一般零件绘制方法绘出，即轮廓线用粗实线表示，对毛坯零件进行完整的尺寸及公差标注，技术要求也正常注出。

4）在毛坯图上零件的轮廓用细双点画线绘制，仅绘出主要轮廓，不标注尺寸等技术要素。

另外，在毛坯图中的零件轮廓也可以用彩色线绘制，加工余量也可以用网纹线表达。

### 2. 铸件尺寸公差

GB/T 6414—2017《铸件 尺寸公差、几何公差与机械加工余量》规定了铸件的几何公差与机械加工余量的术语和定义，尺寸标注方法，铸件尺寸公差等级，几何公差等级，机械加工余量等级及其在图样上的标注。该标准适用于各种铸造方法生产的铸件。

铸件尺寸公差有 16 级，标记为 DCTG1～DCTG16（见表 2-6）。

### 表 2-6  铸件尺寸公差（摘自 GB/T 6414—2017） （单位：mm）

| 铸件基本尺寸 | | 公差等级 DCTG | | | | | | | | | |
|---|---|---|---|---|---|---|---|---|---|---|---|
| 大于 | 至 | 5 | 6 | 7 | 8 | 9 | 10 | 11 | 12 | 13 | 14 |
| — | 10 | 0.36 | 0.52 | 0.74 | 1.0 | 1.5 | 2.0 | 2.8 | 4.2 | — | — |
| 10 | 16 | 0.38 | 0.54 | 0.78 | 1.1 | 1.6 | 2.2 | 3.0 | 4.4 | — | — |
| 16 | 25 | 0.42 | 0.58 | 0.82 | 1.2 | 1.7 | 2.4 | 3.2 | 4.6 | 6 | 8 |
| 25 | 40 | 0.46 | 0.64 | 0.90 | 1.3 | 1.8 | 2.6 | 3.6 | 5.0 | 7 | 9 |
| 40 | 63 | 0.50 | 0.70 | 1.0 | 1.4 | 2.0 | 2.8 | 4.0 | 5.6 | 8 | 10 |
| 63 | 100 | 0.56 | 0.78 | 1.1 | 1.6 | 2.2 | 3.2 | 4.4 | 6 | 9 | 11 |
| 100 | 160 | 0.62 | 0.88 | 1.2 | 1.8 | 2.5 | 3.6 | 5.0 | 7 | 10 | 12 |
| 160 | 250 | 0.70 | 1.0 | 1.4 | 2.0 | 2.8 | 4.0 | 5.6 | 8 | 11 | 14 |
| 250 | 400 | 0.78 | 1.1 | 1.6 | 2.2 | 3.2 | 4.4 | 6.2 | 9 | 12 | 16 |
| 400 | 630 | 0.90 | 1.2 | 1.8 | 2.6 | 3.6 | 5 | 7 | 10 | 14 | 18 |
| 630 | 1000 | 1.0 | 1.4 | 2.0 | 2.8 | 4.0 | 6 | 8 | 11 | 16 | 20 |

表 2-7 和表 2-8 列出了各种铸造方法通常能够达到的公差等级，此规定适用于砂型铸造、金属型铸造、低压铸造、压力铸造和熔模铸造等铸造工艺方法生产的各种铸造金属及合金铸件的尺寸公差。铸造方法的精度取决于许多因素，包括：铸件的复杂程度，模样装备或金属型装备的类型，所涉及的金属或合金，模样或金属型的状况，铸造厂的生产方式等。

### 表 2-7  大批量生产的毛坯铸件的公差等级（摘自 GB/T 6414—2017）

| 方法 | 公差等级 DCTG | | | | | | |
|---|---|---|---|---|---|---|---|
| | 铸件材料 | | | | | | |
| | 钢 | 灰铸铁 | 球墨铸铁 | 可锻铸铁 | 铜合金 | 锌合金 | 轻金属合金 |
| 砂型铸造手工造型 | 11～13 | 11～13 | 11～13 | 11～13 | 10～13 | 10～13 | 9～12 |
| 砂型铸造机器造型和壳型 | 8～12 | 8～12 | 8～12 | 8～12 | 8～10 | 8～10 | 7～9 |
| 金属型铸造（重力铸造或低压铸造） | — | 8～10 | 8～10 | 8～10 | 8～10 | 7～9 | 7～9 |
| 压力铸造 | | | | | 6～8 | 4～6 | 4～7 |
| 熔模铸造（水玻璃） | 7～9 | 7～9 | 7～9 | | 5～8 | — | 5～8 |
| 熔模铸造（硅溶胶） | 4～6 | 4～6 | 4～6 | | 4～6 | — | 4～6 |

### 表 2-8  小批量生产或单件生产的毛坯铸件的公差等级（摘自 GB/T 6414—2017）

| 方法 | 造型材料 | 公差等级 DCTG | | | | | |
|---|---|---|---|---|---|---|---|
| | | 铸件材料 | | | | | |
| | | 钢 | 灰铸铁 | 球墨铸铁 | 可锻铸铁 | 铜合金 | 轻金属合金 |
| 砂型铸造手工造型 | 粘土砂 | 13～15 | 13～15 | 13～15 | 13～15 | 13～15 | 11～13 |
| | 化学粘结剂砂 | 12～14 | 11～13 | 11～13 | 11～13 | 10～12 | 10～12 |

#### 3. 铸件机械加工余量

机械加工余量（RMA）定义为：在毛坯铸件上为了随后可用机械加工方法去除铸造对金属表面的影响，并使之达到所要求的表面特征和必要的尺寸精度而留出的金属余量。对圆柱形的铸件部分或在双侧机械加工的情况下，RMA 应加倍。

一般地，机械加工余量适用于整个毛坯铸件，即对所有需机械加工的表面只规定一个值，且该值应根据最终机械加工后成品铸件的最大轮廓尺寸，根据相应的尺寸范围选取。铸件某一部位在铸态下的最大尺寸应不超过成品尺寸与要求的加工余量及铸造总公差之和。

铸件的机械加工余量等级分为 10 级，分别为 RMAG A～RMAG K（见表2-9）。

铸件基本尺寸包括机械加工余量，应在铸件图上或技术文件中注明。机械加工余量可以用公差和机械加工余量代号统一标注，例如：对于最大尺寸在 400～630mm 范围内的铸件，机械加工余量等级（RMAG）为 H，要求的机械加工余量（RMA）为 6mm，铸件的一般公差为 "GB/T 6414-DCTG12-RMA6（RMAGH）"，并允许在图样上直接标注出加工余量值。

铸件尺寸公差的公差带对称于铸件基本尺寸设置。有特殊要求时，也可采用非对称设置，但应在图样上注明。

表 2-9　要求的铸件机械加工余量（摘自 GB/T 6414—2017）　　　　（单位：mm）

| 铸件公称尺寸 | | 铸件的机械加工余量等级 RMAG 及对应的机械加工余量 RMA | | | | | | | | | |
|---|---|---|---|---|---|---|---|---|---|---|---|
| 大于 | 至 | A | B | C | D | E | F | G | H | J | K |
| — | 40 | 0.1 | 0.1 | 0.2 | 0.3 | 0.4 | 0.5 | 0.5 | 0.7 | 1 | 1.4 |
| 40 | 63 | 0.1 | 0.2 | 0.3 | 0.3 | 0.4 | 0.5 | 0.7 | 1 | 1.4 | 2 |
| 63 | 100 | 0.2 | 0.3 | 0.4 | 0.5 | 0.7 | 1 | 1.4 | 2 | 2.8 | 4 |
| 100 | 160 | 0.3 | 0.4 | 0.5 | 0.8 | 1.1 | 1.5 | 2.2 | 3 | 4 | 6 |
| 160 | 250 | 0.3 | 0.5 | 0.7 | 1 | 1.4 | 2 | 2.8 | 4 | 5.5 | 8 |
| 250 | 400 | 0.4 | 0.7 | 0.9 | 1.3 | 1.4 | 2.5 | 3.5 | 5 | 7 | 10 |
| 400 | 630 | 0.5 | 0.7 | 1.1 | 1.5 | 2.2 | 3 | 4 | 6 | 9 | 12 |
| 630 | 1000 | 0.6 | 0.9 | 1.2 | 1.8 | 2.5 | 3.5 | 5 | 7 | 10 | 14 |

推荐用于各种铸造合金及铸造方法的 RMAG 见表2-10。

注意：

1）基本尺寸应按有加工要求的表面上最大基本尺寸和该表面距它的加工基准间尺寸中较大的尺寸确定。旋转体基本尺寸取其直径或高度（长度）中较大尺寸。

2）砂型铸造的铸件，顶面（相对浇注位置）的加工余量等级，比底、侧面的加工余量等级需降低一级选用。

3）砂型铸造孔的加工余量等级可选用与顶面相同的等级。

4）对单体和小批生产的铸件上不同加工表面，也允许采用相同的加工余量数值。

5）一般情况下一种铸件只能选取一个尺寸公差等级和一个加工余量等级。

表 2-10　铸件的机械加工余量等级（摘自 GB/T 6414—2017）

| 方法 | 要求的铸件机械加工余量等级 | | | | | | |
|---|---|---|---|---|---|---|---|
| | 铸件材料 | | | | | | |
| | 钢 | 灰铸铁 | 球墨铸铁 | 可锻铸铁 | 铜合金 | 锌合金 | 轻金属合金 |
| 砂型铸造手工铸造 | G~K | F~H | F~H | F~H | F~H | F~H | F~H |
| 砂型铸造机器造型和壳型 | F~H | E~G | E~G | E~G | E~G | E~G | E~G |
| 金属型（重力铸造和低压铸造） | — | D~F | D~F | D~F | D~F | D~F | D~F |
| 压力铸造 | — | — | — | — | B~D | B~D | B~D |
| 熔模铸造 | E | E | E | — | E | — | E |

# 第3章

# 工艺规程编制

## 3.1　工艺规程编制过程

### 1. 选择加工方法，确定机床和工艺装备

选择加工方法的主要依据是零件的结构特点、尺寸大小、加工精度和表面质量要求、零件的材料和热处理状态以及零件的生产类型。要注意"经济精度"及"批量法则"等概念的应用，要进行必要的方案对比和优化。

确定机床应力求做到：生产效率与生产类型相适应；机床精度与零件的加工质量要求相适应；机床的规格型号与零件的结构特点和尺寸大小相适应；机床的功率、进给量等与零件的工序要求相适应。

在成批或大量生产条件下，一般要求用专用夹具。

刀具的选择：包括刀具材料、结构类型、尺寸规格和精度级别。

量具的选择：包括量具的名称、类型、规格和精度等级。

### 2. 确定工序内容和安排工序顺序

在成批生产条件下，如果机床功能允许，工序可以适当集中，工序顺序要遵循先粗后精、先主后次、先面后孔和先基准后其他等原则，如果零件加工质量要求高，则应当划分加工阶段。一些次要表面也可以在主要工序中穿插进行，退刀、倒角等次要表面一般作为工步安插在半精加工工序中而不单独安排工序。

热处理工序安排可参考 3.3 节。

课程设计中，检验工序安排要求不得少于两道，即至少安排一次中间检验工序和终检工序，其他工序，如去毛刺、刻线、电镀等，应在适当位置安排，不可缺少。

### 3. 工序余量、工序尺寸及其偏差的确定

工序余量一般可查表得到，也可以凭经验估定，计算法很少应用，但在课程设计中，要求用计算法做一例作为练习，以掌握计算的方法。

对于不需要进行尺寸换算的工序尺寸，算出基本尺寸后，按经济加工精度查取其公差值，工序尺寸按偏差入体原则标注偏差，即外尺寸注下极限偏差，上极限偏差为零；内尺寸注上极限偏差，下极限偏差为零，孔距尺寸注双向对称偏差。

对于基准不重合时的尺寸换算，应通过建立和解算尺寸链，确定有关的工序尺寸及其偏差。

### 4. 技术经济分析

制订工艺规程时，在同样满足被加工零件的加工精度和表面质量的要求时，通常可以有几种不同的工艺路线，其中有的方案可具有很高的生产率，但设备和工装夹具方面的投资较大，另一些方案则可能节省投资，但生产率较低。因此，不同的工艺路线就有不同的经济效果。为了选取在给定的生产条件下最经济合理的方案，应对已拟订的至少两个工艺路线进行技术经济分析和评比。

### 5. 填写工艺文件

工艺文件有工序卡片、工序目录卡片、专用工装明细表等多种。

工艺规程制订后，要以表格或卡片的形式确定下来，以便指导工人操作和用于生产、工艺管理。机械加工工艺规程卡片的种类很多，如机械加工工艺过程卡片、机械加工工序卡片等。在单件小批量生产中，一般只填写简单的工艺过程卡片；在大、中批量生产中，每个零件的每个工序还都要有工序卡片；成批生产中只要求主要零件的每个工序有工序卡片，而一般零件仅是关键工序有工序卡片。

机械加工工艺过程卡片和机械加工工序卡片应按照 JB/Z 187.3—1988 中规定的格式及原则填写。

工序卡中的工序简图应按加工位置绘制，一般不要求严格的比例关系，但应大体上成比例，不可过分失真，工序简图中应将本道工序应达到的质量要求：如尺寸精度、形状精度、位置精度以及表面粗糙度等一一标注清楚。加工表面用粗实线表示，非加工表面用细实线绘制，并用定位和夹紧符号在相应位置标明定位和夹紧情况。

工序号可以用自然数 1，2，3，……顺序表达，但也常用 5，10，15，……的顺序数表示，以便于使用过程中工序的增改。在加工中只要更换机床或工作地，就意味着另一工序的开始。

### 6. 审核

在完成制订机械加工工艺规程各步骤后，应对整个工艺规程进行一次全面的审核。首先应按各项内容审核设计的正确性和合理性，如基准的选择、加工方法的选择是否正确、合理，加工余量、切削用量等工艺参数是否合理，工艺图等图样是否完整、准确等。此外，还应审查工艺文件是否完整、全面，工艺文件中各项内容是否符合各种相应标准的规定。

## 3.2 加工方法选择

对工件表面进行机械加工时，要在加工经济精度和表面粗糙度条件下选择加工方法，同时还要兼顾生产批量、零件用途、工件材料及本企业的生产条件，进行合理选用。

各种加工方法所能达到的经济精度和表面粗糙度等级，以及各种典型表面的加工方法都已有推荐值，使用时可按实际情况进行合理选用。

### 3.2.1 典型表面的加工方法

典型表面的加工方法及最终能达到的经济精度和表面粗糙度等级如下。

平面加工的经济精度与表面粗糙度见表 3-1。

表 3-1 平面加工的经济精度与表面粗糙度

| 序号 | 加工方法 | 经济精度公差等级 | 表面粗糙度 $Ra/\mu m$ | 适用范围 |
|---|---|---|---|---|
| 1 | 粗车 | 10~11 | 12.5~6.3 | 未淬硬钢、铸铁、有色金属端面加工 |
| 2 | 粗车→半精车 | 8~9 | 6.3~3.2 | |
| 3 | 粗车→半精车→精车 | 6~7 | 1.6~0.8 | |
| 4 | 粗车→半精车→磨削 | 7~9 | 0.8~0.2 | 钢、铸铁端面加工 |
| 5 | 粗刨(粗铣) | 12~14 | 12.5~6.3 | 未淬硬平面 |
| 6 | 粗刨(粗铣)→半精刨(半精铣) | 11~12 | 6.3~1.6 | |
| 7 | 粗刨(粗铣)→精刨(精铣) | 7~9 | 6.3~1.6 | |
| 8 | 粗刨(粗铣)→半精刨(半精铣)→精刨 | 7~8 | 3.2~1.6 | |
| 9 | 粗铣→拉 | 6~9 | 0.8~0.2 | 大量生产未淬硬小平面 |
| 10 | 粗刨(铣)→精刨(铣)→宽刃刀精刨 | 6~7 | 0.8~0.2 | 未淬硬钢件、铸铁件及有色金属件 |
| 11 | 粗刨(粗铣)→半精刨(半精铣)→精刨(精铣)→宽刃刀低速精刨 | 5 | 0.8~0.2 | |
| 12 | 粗刨(粗铣)→精刨(精铣)→刮研 | 5~6 | 0.8~0.1 | |
| 13 | 粗刨(粗铣)→半精刨(半精铣)→精刨(精铣)→刮研 | | | |
| 14 | 粗刨(粗铣)→精刨(精铣)→磨削 | 6~7 | 0.8~0.2 | 淬硬或未淬硬黑色金属工件 |
| 15 | 粗刨(粗铣)→半精刨(半精铣)→精刨(精铣)→磨削 | 5~6 | 0.4~0.2 | |
| 16 | 粗铣→精铣→磨削→研磨 | 5级以上 | <0.1 | |

内圆表面加工的经济精度与表面粗糙度见表 3-2。

表 3-2 内圆表面加工的经济精度与表面粗糙度

| 序号 | 加工方法 | 经济精度公差等级 | 表面粗糙度 $Ra/\mu m$ | 适用范围 |
|---|---|---|---|---|
| 1 | 钻 | 12~13 | 12.5 | 未淬火钢及铸铁的实心毛坯,有色金属,孔径<20mm |
| 2 | 钻→铰 | 8~10 | 3.2~1.6 | |
| 3 | 钻→粗铰→精铰 | 7~8 | 1.6~0.8 | |
| 4 | 钻→扩 | 10~11 | 12.5~6.3 | 未淬火钢及铸铁的实心毛坯,有色金属,孔径>15~20mm |
| 5 | 钻→扩→粗铰→精铰 | 7~8 | 1.6~0.8 | |
| 6 | 钻→扩→铰 | 8~9 | 3.2~1.6 | |
| 7 | 钻→扩→机铰→手铰 | 6~7 | 0.4~0.1 | |
| 8 | 钻→(扩)→拉 | 7~9 | 1.6~0.1 | 大批量生产 |
| 9 | 粗镗(或扩孔) | 11~13 | 12.5~6.3 | 毛坯有铸孔或锻孔的未淬火钢及铸件 |
| 10 | 粗镗(粗扩)→半精镗(精扩) | 9~10 | 3.2~1.6 | |
| 11 | 扩(镗)→铰 | 9~10 | 3.2~1.6 | |
| 12 | 粗镗(扩)→半精镗(精扩)→精镗(铰) | 7~8 | 1.6~0.8 | |
| 13 | 镗→拉 | 7~9 | 1.6~0.1 | |
| 14 | 粗镗(扩)→半精镗(精扩)→精镗→浮动镗刀块精镗 | 6~7 | 0.8~0.4 | |

（续）

| 序号 | 加工方法 | 经济精度公差等级 | 表面粗糙度 $Ra/\mu m$ | 适用范围 |
|---|---|---|---|---|
| 15 | 粗镗→半精镗→磨孔 | 7～8 | 0.8～0.2 | 淬火钢或非淬火钢 |
| 16 | 粗镗（扩）→半精镗→粗磨→精磨 | 6～7 | 0.2～0.1 | |
| 17 | 粗镗→半精镗→精镗→金刚镗 | 6～7 | 0.4～0.05 | 有色金属精加工 |
| 18 | 钻→（扩）→粗铰→精铰→珩磨<br>钻→（扩）→拉→珩磨<br>粗镗→半精镗→精镗→珩磨 | 6～7 | 0.2～0.025 | 黑色金属高精度大孔 |
| 19 | 以研磨代替上述方案中的珩磨 | 6级以上 | 0.1以下 | |

外圆表面加工的经济精度与表面粗糙度见表3-3。

**表3-3 外圆表面加工的经济精度与表面粗糙度**

| 序号 | 加工方法 | 经济精度公差等级 | 表面粗糙度 $Ra/\mu m$ | 适用范围 |
|---|---|---|---|---|
| 1 | 粗车 | 11～13 | 25～6.3 | 淬火钢以外的各种金属 |
| 2 | 粗车→半精车 | 8～10 | 6.3～3.2 | |
| 3 | 粗车→半精车→精车 | 6～9 | 1.6～0.8 | |
| 4 | 粗车→半精车→精车→滚压(或抛光) | 6～8 | 0.2～0.025 | |
| 5 | 粗车→半精车→磨削 | 6～8 | 0.8～0.4 | 淬火钢、未淬火钢 |
| 6 | 粗车→半精车→粗磨→精磨 | 5～7 | 0.4～0.1 | |
| 7 | 粗车→半精车→粗磨→精磨→超精加工 | 5～6 | 0.1～0.012 | |
| 8 | 粗车→半精车→精车→精磨→研磨 | 5级以上 | <0.1 | |
| 9 | 粗车→半精车→粗磨→精磨→超精磨(镜面磨) | 5级以上 | <0.05 | |
| 10 | 粗车→半精车→精车→金刚石车 | 5～6 | 0.2～0.025 | 有色金属 |

### 3.2.2 常用加工方法的几何公差经济精度

几何公差传统也叫形位公差，包括形状公差和位置公差。机械加工后零件的实际要素相对于理想要素总有误差，包括形状误差和位置误差。这类误差影响零件的功能要求、配合性质、互换性、零件本身及配合件寿命，设计时应规定相应的公差并按规定的标准符号标注在图样上。

形状公差是指单一实际要素的形状所允许的变动全量，用形状公差带来表达。形状公差包括直线度、平面度、圆度、圆柱度、线轮廓度、面轮廓度6项。

位置公差是指关联实际要素的位置对基准所允许的变动全量。其中，定向公差是指关联实际要素对基准在方向上允许的变动全量，包括平行度、垂直度、倾斜度3项。跳动公差是以特定的检测方式为依据而给定的公差项目，包括圆跳动与全跳动。定位公差是关联实际要素对基准在位置上允许的变动全量，包括同轴度、对称度、位置度3项。

表3-4～表3-7为几何公差的经济精度。

**表 3-4 直线度、平面度的经济精度**

| 加工方法 | 超精密加工 | 精密加工 | | 精加工 | 半精加工 | 粗加工 |
|---|---|---|---|---|---|---|
| | 超精磨、精研、精密刮 | 精密磨、研磨、精刮 | 精密车、磨、刮 | 精车、铣、刨、拉、粗磨 | 半精车、铣、刨、插 | 各种粗加工方法 |
| 公差等级 | 1~2 | 3~4 | 5~6 | 7~8 | 9~10 | 11~12 |

**表 3-5 圆度、圆柱度的经济精度**

| 加工方法 | 超精密加工 | 精密加工 | 精加工 | 半精加工 | 粗加工 |
|---|---|---|---|---|---|
| | 研磨、精密磨、金刚镗 | 精密车、精密镗、精密磨、金刚镗、研磨、珩磨 | 精车、精镗、磨、珩、拉、精铰 | 半精车、镗、铰、拉、精扩及钻 | 粗车及镗、钻 |
| 公差等级 | 1~2 | 3~4 | 5~6 | 7~8 | 9~10 |

**表 3-6 平行度、倾斜度、垂直度的经济精度**

| 加工方法 | 超精密加工 | 精密加工 | 精加工 | 半精加工 | 粗加工 |
|---|---|---|---|---|---|
| | 超精研、精密磨、精刮、金刚石加工 | 精密车、研磨、精磨、刮、珩 | 精车、镗、铣、刨、磨、刮、珩、坐标镗 | 半精车、镗、铣、刨、粗磨、导套钻铰 | 各种粗加工方法 |
| 公差等级 | 1~2 | 3~4 | 5~7 | 8~10 | 11~12 |

**表 3-7 同轴度、圆跳动、全跳动的经济精度**

| 加工方法 | 超精密加工 | 精密加工 | 精加工 | 半精加工 | 粗加工 |
|---|---|---|---|---|---|
| | 研磨、精密磨、精密金刚石加工、珩磨 | 精密车、精密磨、内圆磨（一次安装）、珩磨、研磨 | 精车、磨、内圆磨及镗（一次安装加工） | 半精车、镗、铰、拉、粗磨 | 粗车、镗、钻 |
| 公差等级 | 1~2 | 3~4 | 5~6 | 7~9 | 10~12 |

表 3-8 为型面加工的经济精度。表 3-9 为花键加工的经济精度。

**表 3-8 型面加工的经济精度** （单位：mm）

| 加工方法 | | 按样板手动加工 | 用机床加工 | 按划线刮或刨 | 按划线铣 | 用靠模铣床 | | 靠模车 | 成形刀车 | 仿形磨 |
|---|---|---|---|---|---|---|---|---|---|---|
| | | | | | | 机械控制 | 随动系统 | | | |
| 径向形状误差 | 经济的 | 0.2 | 0.1 | 2 | 3 | 0.4 | 0.06 | 0.4 | 0.10 | 0.04 |
| | 可达到的 | 0.06 | 0.04 | 0.40 | 1.60 | 0.16 | 0.02 | 0.06 | 0.02 | 0.02 |

**表 3-9 花键加工的经济精度** （单位：mm）

| 花键的最大直径 | 轴 | | | | 孔 | | | |
|---|---|---|---|---|---|---|---|---|
| | 用磨制的滚铣刀 | | 成形磨 | | 拉削 | | 插削 | |
| | 花键宽 | 底圆直径 | 花键宽 | 底圆直径 | 花键宽 | 底圆直径 | 花键宽 | 底圆直径 |
| 18~30 | 0.025 | 0.05 | 0.013 | 0.027 | 0.013 | 0.018 | 0.008 | 0.012 |
| >30~50 | 0.040 | 0.075 | 0.015 | 0.032 | 0.016 | 0.026 | 0.009 | 0.015 |
| >50~80 | 0.050 | 0.10 | 0.017 | 0.042 | 0.016 | 0.030 | 0.012 | 0.019 |
| >80~120 | 0.075 | 0.125 | 0.019 | 0.045 | 0.019 | 0.035 | 0.012 | 0.023 |

表 3-10 为螺纹、齿轮、花键加工的表面粗糙度等级。

表 3-10　螺纹、齿轮、花键加工的表面粗糙度

| 加工方法 | | | 表面粗糙度 $Ra/\mu m$ | 加工方法 | | | 表面粗糙度 $Ra/\mu m$ |
|---|---|---|---|---|---|---|---|
| 螺纹加工 | 切削 | 板牙、丝锥、自开式板牙头 | 3.2~0.8 | 齿轮及花键加工 | 切削 | 精插 | 1.6~0.8 |
| | | | | | | 精刨 | 3.2~0.8 |
| | | 车刀或梳刀车、铣 | 6.3~0.8 | | | 拉 | 3.2~1.6 |
| | | 磨 | 0.8~0.2 | | | 剃 | 0.8~0.2 |
| | 滚轧 | 研磨 | 0.8~0.05 | | | 磨 | 0.8~0.1 |
| | | 搓丝模 | 1.6~0.8 | | | 研 | 0.4~0.2 |
| 齿轮及花键加工 | 切削 | 滚丝模 | 1.6~0.2 | | 滚轧 | 热轧 | 0.8~0.4 |
| | | 粗滚 | 3.2~1.6 | | | 冷轧 | 0.2~0.1 |
| | | 精滚 | 1.6~0.8 | | | | |

## 3.2.3　未注几何公差

机械零件设计图样上未标注几何公差值，在制造时按未注公差处理。未注公差值符合工厂的常用精度等级，不需在图样上标出，由于功能原因某要素要求比"未注公差值"小的公差数值不属于未注公差的范畴，应按 GB/T 1182—2018 的规定进行标注。

未注几何公差按 GB/T 1184—1996 标准给出。（1）机械加工未注几何公差一般选用"K"级。（2）钣金加工未注几何公差一般选用"L"级。

形状公差的未注公差值标准有：

1）直线度和平面度。表 3-11 所示为直线度和平面度未注公差值。在表中选择公差值时，对于直线度应按其相应线的长度选择，对于平面度应按其表面的较长一侧或圆表面的直径选择。

表 3-11　直线度和平面度未注公差值（摘自 GB/T 1184—1996）　　（单位：mm）

| 公差等级 | 直线度和平面度基本长度的范围 | | | | | |
|---|---|---|---|---|---|---|
| | 0~10 | >10~30 | >30~100 | >100~300 | >300~1000 | >1000~3000 |
| H | 0.02 | 0.05 | 0.1 | 0.2 | 0.3 | 0.4 |
| K | 0.05 | 0.1 | 0.2 | 0.4 | 0.6 | 0.8 |
| L | 0.1 | 0.2 | 0.4 | 0.8 | 1.2 | 1.6 |

（2）圆度的未注公差值等于标准的直径公差值，但不能大于径向圆跳动值。

（3）圆柱度的未注公差值不做规定。

位置公差的未注公差值标准有：

1）平行度的未注公差值等于给出的尺寸公差值，或是取直线度和平面度未注公差值中的较大者，应取两要素中的较长者作为基准，若两要素的长度相等，则可选任一要素为

基准。

2）表 3-12 所示为垂直度未注公差值。取形成直角的两边中较长的一边作为基准，较短的一边作为被测要素，若两边的长度相等，则可取其中的任意一边作为基准。

表 3-12　垂直度未注公差值（摘自 GB/T 1184—1996）　（单位：mm）

| 公差等级 | 垂直度公差短边基本长度的范围 | | | |
|---|---|---|---|---|
| | 0~100 | >100~300 | >300~1000 | >1000~3000 |
| H | 0.2 | 0.3 | 0.4 | 0.5 |
| K | 0.4 | 0.6 | 0.8 | 1 |
| L | 0.5 | 1 | 1.5 | 2 |

3）表 3-13 所示为对称度未注公差值。应取两要素中的较长者作为基准，较短者作为被测要素，若两要素长度相等，则可选任一要素作为基准。

表 3-13　对称度未注公差值（摘自 GB/T 1184—1996）　（单位：mm）

| 公差等级 | 对称度公差基本长度的范围 | | | |
|---|---|---|---|---|
| | 0~100 | >100~300 | >300~1000 | >1000~3000 |
| H | 0.5 | | | |
| K | 0.6 | | 0.8 | 1 |
| L | 0.6 | 1 | 1.5 | 2 |

4）同轴度的未注公差值未作规定。在极限状况下，同轴度的圆度的未注公差值可以和表 3-14 所示的径向圆跳动值的未注公差值相等。应选两要素中的较长者作为基准，若两要素长度相等，则可选任一要素为基准。

5）表 3-14 所示为圆跳动（径向、端面和斜向）的未注公差值。应以设计或工艺给出的支承面作为基准，若两要素长度相等，则可选任一要素作为基准。

表 3-14　圆跳动径向、端面和斜向的未注公差值（摘自 GB/T 1184—1996）

（单位：mm）

| 公差等级 | 圆跳动一般公差值 |
|---|---|
| H | 0.1 |
| K | 0.2 |
| L | 0.5 |

### 3.2.4　各种加工方法的加工经济精度

表 3-15 所示为各种加工方法的加工经济精度。

表 3-15　各种加工方法的加工经济精度

| 加工方法 | | 经济精度 | | 加工方法 | | 经济精度 |
|---|---|---|---|---|---|---|
| 外圆表面 | 粗车 | IT11~13 | | 内孔表面 | 钻孔 | IT12~13 |
| | 半精车 | IT8~10 | | | 钻头扩孔 | IT11 |
| | 精车 | IT7~8 | | | 粗扩 | IT12~13 |
| | 细车 | IT5~6 | | | 精扩 | IT10~11 |
| | 粗磨 | IT8~9 | | | 一般铰孔 | IT10~11 |
| | 精磨 | IT6~7 | | | 精铰 | IT7~9 |
| | 细磨 | IT5~6 | | | 细铰 | IT6~7 |
| | 研磨 | IT5 | | | 粗拉毛孔 | IT10~11 |
| 平面 | 粗车端面 | IT11~13 | | | 精拉 | IT7~9 |
| | 精车端面 | IT7~9 | | | 粗镗 | IT11~13 |
| | 细车端面 | IT6~8 | | | 精镗 | IT7~9 |
| | 粗铣 | IT9~13 | | | 金刚镗 | IT5~7 |
| | 精铣 | IT7~11 | | | 粗磨 | IT9 |
| | 细铣 | IT6~9 | | | 精磨 | IT7~8 |
| | 拉 | IT6~9 | | | 细磨 | IT6 |
| | 粗磨 | IT7~10 | | | 研磨 | IT6 |
| | 精磨 | IT6~9 | | | | |
| | 细磨 | IT5~7 | | | | |
| | 研磨 | IT5 | | | | |

# 3.3　热处理工序安排

热处理可提高材料的力学性能、改善金属的加工性能及消除残余应力。制定工艺规程时，应由工艺人员根据设计和工艺要求全面考虑。

表 3-16 所示为金属热处理方法及其应用。表 3-17 所示为热处理工序安排参考。

表 3-16　金属热处理方法及其应用

| 热处理方法 | 解释 | 应用 |
|---|---|---|
| 退火 | 将钢件(或钢坯)加热到临界温度以上30~50℃保温一段时间,然后再缓慢地冷却下来(一般用炉冷) | 消除铸铁件的内应力和组织不均匀及晶粒粗大等现象,消除冷轧坯件的冷硬现象和内应力,降低硬度以便切削 |
| 正火 | 将坯件加热到临界温度以上,保温一段时间后用空气冷却,冷却速度比退火快 | 处理低碳和中碳结构钢件及渗碳机件,使其组织细化增加强度与韧性,减少内应力,改善低碳钢的切削性 |
| 回火 | 将淬硬的钢件加热到临界温度以下某一温度后,保温一定时间然后在空气中或油中冷却下来 | 消除淬火后的脆性和内应力,提高钢的冲击韧性 |

（续）

| 热处理方法 | 解释 | 应用 |
|---|---|---|
| 淬火 | 将钢件加热到临界温度以上，保温一段时间后在水、盐水或油中（个别材料在空气中）急冷下来，使其得到高硬度 | 用来提高钢的硬度和强度，但淬火时会引起内应力使钢变脆，所以淬火后必须回火 |
| 表面淬火 | 使零件表面获得高硬度和耐磨性，而心部则保持塑性和韧性 | 在动载荷及摩擦条件下工作的齿轮、凸轮轴、曲轴及销子等 |
| 调质 | 淬火后高温回火 | 使钢获得高的韧性和足够的强度，很多重要零件是经过调质处理的 |
| 渗碳 | 向钢表面层渗碳的过程，使低碳钢或低碳合金钢表面碳的质量分数增高到 0.8% ~ 1.2%，表面层得到高硬度和耐磨性 | 为了保证心部的高塑性和韧性，通常采用碳的质量分数为 0.08% ~ 0.25% 的低碳钢和低合金钢，如齿轮、凸轮及活塞销等 |
| 渗氮 | 向钢表面层渗氮的过程，目前常用气体渗化法，即利用氨气加热时分解的活性氮原子渗入到钢中 | 渗氮后不再进行热处理，用于某种含铬、钼或铝的特种钢，以提高硬度和耐磨性，提高疲劳强度及抗蚀能力 |
| 发蓝 | 使钢的表面形成氧化膜的方法 | 提高钢铁表面抗腐蚀能力和使外表美观，但其抗腐蚀能力并不理想 |

表 3-17 热处理工序安排参考

| 热处理的作用 | | 热处理工序种类 | 热处理工序的位置 | 备注 |
|---|---|---|---|---|
| 改善切削性能 | | 退火 | 粗加工前 | |
| | | 正火 | 粗加工前 | 常用 |
| | | | 粗加工后 | 很少用 |
| 消除内应力 | 毛坯制造中产生的 | 退火 | 粗加工前 | |
| | | 时效 | 粗加工前 | |
| | | | 粗加工后 | 较重要的零件 |
| | 机械加工中产生的 | 时效 | 粗加工之后 | 精度要求较高的零件 |
| | | | 粗加工、半精加工后和最终精加工前多次安排 | 精度要求特别高的零件（如精密丝杠） |
| 提高材料的强度和硬度 | | 正火 | 粗加工前 | 常用 |
| | | | 粗加工后 | 较少用 |
| | | 调质 | 粗加工前 | 较少用、不重要零件 |
| | | | 粗加工后 | 常用、较重要零件 |
| | | 淬火-回火 | 磨削加工前 | 常用 |
| | | | 终磨之后 | 很少用，作最终热处理 |
| | | 渗碳淬火-回火 | 精切前 | 较少用，精切前渗碳、磨前淬火 |
| | | | 粗磨前 | 常用 |
| | | | 粗精磨之间 | 很少用，要严格控制层深与变形 |
| | | 氮化 | 粗精磨之间 | 很少用 |
| | | | 精磨之后 | 常用 |

## 3.4 工序加工余量确定与计算

工艺路线拟定之后要进行工序设计，确定各工序的具体内容，首先要确定各工序加工应达到的尺寸——工序尺寸及其公差，这就要进行合理的加工余量的确定及计算。

下面对工序加工余量的确定方法进行分析。对于不需要进行尺寸换算的工序尺寸，计算顺序是：

1）根据手册确定各工序余量的基本尺寸。

2）根据各种加工方法的经济精度表格确定各工序公差，工序尺寸的公差都按各工序经济精度确定，并按"入体原则"确定上下偏差，即外尺寸注下极限偏差，上极限偏差为零；内尺寸注上极限偏差，下极限偏差为零，孔距尺寸注双向对称偏差。

3）由后道工序往前工序逐个计算工序尺寸，即由零件上的设计尺寸开始，直到毛坯尺寸，最后得到各工序尺寸及其公差和表面粗糙度。

对于基准不重合时的尺寸换算，应通过建立和解算尺寸链，确定有关的工序尺寸及其偏差。

表 3-18 所示为某工件各加工表面的加工余量、工序尺寸及其公差、表面粗糙度。

**表 3-18 某工件各加工表面的加工余量、工序尺寸及其公差、表面粗糙度**

| 工序 | 工序内容 | 单边加工余量/mm | 工序尺寸/mm | 表面粗糙度 $Ra/\mu m$ |
|---|---|---|---|---|
| 工序 10 | 1. 车拨叉头端面 | 2.5 | 30 | 12.5 |
| | 2. 钻 $\phi15H8$ 孔 | 7 | $\phi14$ | 12.5 |
| | 3. 镗 $\phi15H8$ 孔 | 0.8 | $\phi14.8$ | 6.3 |
| | 4. 铰 $\phi15H8$ 孔 | 0.2 | $\phi15H8(_0^{+0.027})$ | 3.2 |
| | 5. 倒孔口角 | 1 | $C1$ | 12.5 |
| 工序 20 | 粗铣拨叉脚两端面 | 3.2 | $7.6_{-0.10}^{0}$ | 12.5 |
| 工序 30 | 铣拨叉脚内端面 | 3.5 | $50H12(_0^{+0.25})$ | 12.5 |
| 工序 40 | 铣操纵槽 | 6.5 | $13_0^{+0.2}$ | 12.5 |
| 工序 50 | 铰 $\phi5H14$ 孔 | 2.5 | $\phi5H14(_0^{+0.3})$ | 12.5 |
| 工序 60 | 磨拨叉脚两端面 | 0.3 | $7_{-0.65}^{-0.15}$ | 6.3 |

### 3.4.1 标准公差等级

表 3-19 所示为常用标准公差等级的数值。

**表 3-19 常用标准公差等级（摘自 GB/T 1800.3—1998）**

| 基本尺寸/mm | | 公差等级 | | | | | | | | | |
|---|---|---|---|---|---|---|---|---|---|---|---|
| 大于 | 至 | IT5 | IT6 | IT7 | IT8 | IT9 | IT10 | IT11 | IT12 | IT13 | IT14 |
| — | 3 | 4 | 6 | 10 | 14 | 25 | 40 | 60 | 0.10 | 0.14 | 0.25 |
| 3 | 6 | 5 | 8 | 12 | 18 | 30 | 48 | 75 | 0.12 | 0.18 | 0.30 |

（续）

| 基本尺寸/mm | | 公差等级 | | | | | | | | | |
|---|---|---|---|---|---|---|---|---|---|---|---|
| 大于 | 至 | IT5 | IT6 | IT7 | IT8 | IT9 | IT10 | IT11 | IT12 | IT13 | IT14 |
| 6 | 10 | 6 | 9 | 15 | 22 | 36 | 58 | 90 | 0.15 | 0.22 | 0.36 |
| 10 | 18 | 8 | 10 | 18 | 27 | 42 | 70 | 110 | 0.18 | 0.27 | 0.43 |
| 18 | 30 | 9 | 13 | 21 | 33 | 52 | 84 | 130 | 0.21 | 0.33 | 0.52 |
| 30 | 50 | 11 | 16 | 25 | 39 | 62 | 100 | 160 | 0.25 | 0.39 | 0.62 |
| 50 | 80 | 13 | 19 | 30 | 46 | 74 | 120 | 190 | 0.30 | 0.46 | 0.74 |
| 80 | 120 | 15 | 22 | 35 | 54 | 87 | 140 | 220 | 0.35 | 0.54 | 0.87 |
| 120 | 180 | 18 | 25 | 40 | 63 | 100 | 160 | 250 | 0.40 | 0.63 | 1.00 |
| 180 | 250 | 20 | 29 | 46 | 72 | 115 | 185 | 290 | 0.46 | 0.72 | 1.15 |
| 250 | 315 | 23 | 32 | 52 | 81 | 130 | 210 | 320 | 0.52 | 0.81 | 1.30 |
| 315 | 400 | 25 | 36 | 57 | 89 | 140 | 230 | 360 | 0.57 | 0.89 | 1.40 |
| 400 | 500 | 27 | 40 | 63 | 97 | 155 | 250 | 400 | 0.63 | 0.97 | 1.55 |
| 500 | 630 | 30 | 44 | 70 | 110 | 175 | 280 | 440 | 0.70 | 1.10 | 1.75 |
| 630 | 800 | 35 | 50 | 80 | 125 | 200 | 320 | 500 | 0.80 | 1.25 | 2.00 |
| 800 | 1000 | 40 | 56 | 90 | 140 | 230 | 360 | 560 | 0.90 | 1.40 | 2.30 |

注：表中 IT5~IT11 数值单位为 μm，IT12~IT14 数值单位为 mm。

未注尺寸公差按 GB/T 1804—2000 给出。（1）机械加工未注尺寸公差一般选用"m"级。（2）钣金加工未注尺寸公差一般选用"c"级。

表 3-20 所示为线性尺寸的极限偏差数值。表 3-21 所示为倒圆半径和倒角高度尺寸的极限偏差数值。表 3-22 所示为角度尺寸的极限偏差数值。

表 3-20　线性尺寸的极限偏差数值（摘自 GB/T 1804—2000）　（单位：mm）

| 公差等级 | 尺寸分段 | | | | | | | |
|---|---|---|---|---|---|---|---|---|
| | 0.5~3 | >3~6 | >6~30 | >30~120 | >120~400 | >400~1000 | >1000~2000 | >2000~4000 |
| f(精密级) | ±0.05 | ±0.05 | ±0.1 | ±0.15 | ±0.2 | ±0.3 | ±0.5 | — |
| m(中等级) | ±0.1 | ±0.1 | ±0.2 | ±0.3 | ±0.5 | ±0.8 | ±1.2 | ±2 |
| c(粗糙级) | ±0.2 | ±0.3 | ±0.5 | ±0.8 | ±1.2 | ±2 | ±3 | ±4 |
| v(最粗级) | — | ±0.5 | ±1.5 | ±1.5 | ±2.5 | ±4 | ±6 | ±8 |

表 3-21　倒圆半径和倒角高度尺寸的极限偏差（摘自 GB/T 1804—2000）

（单位：mm）

| 公差等级 | 尺寸分段 | | | |
|---|---|---|---|---|
| | 0.5~3 | >3~6 | >6~30 | >30 |
| f(精密级) | ±0.2 | ±0.5 | ±1 | ±2 |
| m(中等级) | | | | |
| c(粗糙级) | ±0.4 | ±1 | ±2 | ±4 |
| v(最粗级) | | | | |

注：倒圆半径与倒角高度的含义见 GB 6403.4—2008《零件倒圆与倒角》。

表 3-22　角度尺寸的极限偏差数值（摘自 GB/T 1804—2000）

| 公差等级 | 长度/mm | | | | |
|---|---|---|---|---|---|
| | ≤10 | >10~60 | >60~120 | >120~400 | >400 |
| m（中等级） | ±1° | ±30′ | ±20′ | ±20′ | ±5′ |
| c（粗糙级） | ±1°30′ | ±1° | ±30′ | ±30′ | ±10′ |
| v（最粗级） | ±3° | ±2° | ±1° | ±1° | ±20′ |

## 3.4.2　平面和凹槽的工序加工余量

平面的工序加工余量见表 3-23。凹槽的工序加工余量见表 3-24。

表 3-23　平面的工序加工余量　　　　　　　　（单位：mm）

| 加工性质 | 加工面长度 | 加工面宽度 | | | | | |
|---|---|---|---|---|---|---|---|
| | | ≤100 | | >100~300 | | >300~1000 | |
| | | 余量 | 公差 | 余量 | 公差 | 余量 | 公差 |
| 粗加工后，精刨或精铣 | ≤300 | 1 | 0.3 | 1.5 | 0.5 | 2 | 0.7 |
| | >300~1000 | 1.5 | 0.5 | 2 | 0.7 | 2.5 | 1.0 |
| | >1000~2000 | 2 | 0.7 | 2.5 | 1.2 | 3 | 1.2 |
| 精加工后磨削，零件在装夹时未经校准 | ≤300 | 0.3 | 0.1 | 0.4 | 0.12 | — | — |
| | >300~1000 | 0.4 | 0.12 | 0.5 | 0.15 | 0.6 | 0.15 |
| | >1000~2000 | 0.5 | 0.15 | 0.6 | 0.15 | 0.7 | 0.15 |
| 精加工后磨削，零件装夹在夹具中，或用百分表校准 | ≤300 | 0.2 | 0.1 | 0.25 | 0.2 | — | — |
| | >300~1000 | 0.25 | 0.12 | 0.3 | 0.15 | 0.4 | 0.15 |
| | >1000~2000 | 0.3 | 0.15 | 0.4 | 0.15 | 0.4 | 0.15 |

注：1. 如几个零件同时加工，长度及宽度是指装夹在一起的各零件长度或宽度及各零件之间间隙的总和。

2. 精刨或精铣时，最后一次行程前留的余量应≥0.5mm。

3. 热处理的零件，磨前加工余量应按表中数值乘以 1.2。

4. 磨削及刮削的加工余量和公差用于有公差的表面加工。

表 3-24　凹槽的工序加工余量及偏差　　　　　　　（单位：mm）

| 凹槽尺寸 | | | 宽度余量 | | 宽度偏差 | |
|---|---|---|---|---|---|---|
| 长 | 深 | 宽 | 粗铣后半精铣 | 半精铣后磨 | 粗铣（IT12~IT13） | 半精铣（IT11） |
| ≤80 | ≤60 | >3~6 | 1.5 | 0.5 | 0.12~0.18 | 0.075 |
| | | >6~10 | 2.0 | 0.7 | 0.15~0.22 | 0.09 |
| | | >10~18 | 3.0 | 1.0 | 0.18~0.27 | 0.11 |
| | | >18~30 | 3.0 | 1.0 | 0.21~0.33 | 0.13 |
| | | >30~50 | 3.0 | 1.0 | 0.25~0.39 | 0.16 |
| | | >50~80 | 4.0 | 1.0 | 0.30~0.46 | 0.19 |
| | | >80~120 | 4.0 | 1.0 | 0.35~0.54 | 0.22 |

注：1. 半精铣后磨槽的加工余量，适用于半精铣后经热处理和未经热处理的零件。

2. 宽度余量指双面余量（即每面余量是表中所列数值的 1/2）。

## 3.4.3　外圆的工序加工余量

外圆的工序加工余量见表 3-25~表 3-28。其中：表 3-25 为轴在粗车外圆后精车外圆的余量。表 3-26 为外圆磨削余量。表 3-27 为端面精车及磨削余量。表 3-28 为外圆抛光余量。

表 3-25 轴在粗车外圆后精车外圆的余量 （单位：mm）

| 轴的直径 $d$ | 零件长度 $L$ | | | | | 粗车外圆公差 IT13 |
|---|---|---|---|---|---|---|
| | ≤100 | >100~250 | >250~500 | >500~800 | >800~1200 | |
| | 直径余量 | | | | | |
| ≤10 | 0.8 | 0.9 | 1.0 | — | — | — |
| >10~18 | 0.9 | 0.9 | 1.0 | 1.1 | — | 0.24 |
| >18~30 | 0.9 | 1.0 | 1.1 | 1.3 | 1.4 | 0.27 |
| >30~50 | 1.0 | 1.0 | 1.1 | 1.3 | 1.5 | 0.33 |
| >50~80 | 1.1 | 1.1 | 1.2 | 1.4 | 1.6 | 0.39 |
| >80~120 | 1.1 | 1.2 | 1.2 | 1.4 | 1.6 | 0.46 |
| >120~180 | 1.2 | 1.2 | 1.3 | 1.5 | 1.7 | 0.54 |
| >180~250 | 1.3 | 1.3 | 1.4 | 1.6 | 1.8 | 0.63 |
| >250~315 | 1.3 | 1.4 | 1.5 | 1.7 | 1.9 | 0.72 |
| >315~400 | 1.4 | 1.5 | 1.5 | 1.7 | 1.9 | 0.81 |

注：在单件或小批生产时，本表数值须乘上系数 1.3，并化成一位小数，这时的粗车外圆公差带为 h15。

表 3-26 外圆磨削余量 （单位：mm）

| 轴径 $d$ | 热处理状态 | 长度 | | | | 轴径 $d$ | 热处理状态 | 长度 | | | |
|---|---|---|---|---|---|---|---|---|---|---|---|
| | | ≤100 | >100~250 | >250~500 | >500~800 | | | ≤100 | >100~250 | >250~500 | >500~800 |
| ≤10 | 未淬硬 | 0.2 | 0.2 | 0.3 | — | >80~120 | 未淬硬 | 0.4 | 0.4 | 0.5 | 0.5 |
| | 淬硬 | 0.3 | 0.3 | 0.4 | — | | 淬硬 | 0.5 | 0.5 | 0.6 | 0.6 |
| >10~18 | 未淬硬 | 0.2 | 0.3 | 0.3 | 0.3 | >120~180 | 未淬硬 | 0.4 | 0.5 | 0.6 | 0.6 |
| | 淬硬 | 0.3 | 0.3 | 0.4 | 0.5 | | 淬硬 | 0.5 | 0.6 | 0.7 | 0.7 |
| >18~30 | 来淬硬 | 0.3 | 0.3 | 0.3 | 0.4 | >180~260 | 未淬硬 | 0.5 | 0.6 | 0.6 | 0.7 |
| | 淬硬 | 0.3 | 0.4 | 0.4 | 0.5 | | 淬硬 | 0.6 | 0.7 | 0.7 | 0.8 |
| >30~50 | 未粹硬 | 0.3 | 0.3 | 0.4 | 0.5 | >260~360 | 未淬硬 | 0.6 | 0.6 | 0.7 | 0.7 |
| | 淬硬 | 0.4 | 0.4 | 0.5 | 0.6 | | 淬硬 | 0.7 | 0.7 | 0.8 | 0.9 |
| >50~80 | 未淬硬 | 0.3 | 0.4 | 0.4 | 0.5 | >360~500 | 未淬硬 | 0.7 | 0.7 | 0.8 | 0.8 |
| | 淬硬 | 0.4 | 0.4 | 0.5 | 0.6 | | 淬硬 | 0.8 | 0.8 | 0.9 | 0.9 |

注：在单件或小批生产时，本表数值须乘上系数 1.2，并化成一位小数。

表 3-27 端面精车及磨削余量 （单位：mm）

| 轴径 $d$ | 零件全长 | | | | | | | | | |
|---|---|---|---|---|---|---|---|---|---|---|
| | ≤18 | | >13~50 | | >50~120 | | >120~260 | | >260~500 | |
| | 精车 | 磨削 | 精车 | 磨削 | 精车 | 磨削 | 精车 | 磨削 | 精车 | 磨削 |
| ≤30 | 0.5 | 0.2 | 0.6 | 0.2 | 0.7 | 0.3 | 0.8 | 0.4 | 1.0 | 0.5 |
| >30~50 | 0.5 | 0.3 | 0.6 | 0.3 | 0.7 | 0.4 | 0.8 | 0.4 | 1.0 | 0.5 |
| >50~120 | 0.7 | 0.3 | 0.7 | 0.3 | 0.8 | 0.4 | 1.0 | 0.5 | 1.2 | 0.6 |
| >120~250 | 0.8 | 0.4 | 0.8 | 0.4 | 1.0 | 0.5 | 1.0 | 0.5 | 1.2 | 0.6 |
| >250~500 | 1.0 | 0.5 | 1.0 | 0.5 | 1.2 | 0.5 | 1.2 | 0.6 | 1.4 | 0.7 |
| >500 | 1.2 | 0.6 | 1.2 | 0.6 | 1.4 | 0.6 | 1.4 | 0.7 | 1.5 | 0.8 |

表 3-28　外圆抛光余量　　　　　　　　（单位：mm）

| 轴径 | 余量 |
|---|---|
| ≤100 | 0.10 |
| >100~200 | 0.30 |
| >200~700 | 0.40 |

### 3.4.4　孔的工序加工余量

孔的工序加工余量见表 3-29~表 3-35。

表 3-29　孔加工（扩、镗、铰）余量　　　　（单位：mm）

| 孔的直径 | 扩或镗 | 粗铰 | 精铰 |
|---|---|---|---|
| 3~6 | — | 0.1 | 0.04 |
| >6~10 | 0.8~1.0 | 0.1~0.15 | 0.05 |
| >10~18 | 1.0~1.5 | 0.1~0.15 | 0.05 |
| >18~30 | 1.5~2.0 | 0.15~0.2 | 0.06 |
| >30~50 | 1.5~2.0 | 0.2~0.3 | 0.08 |
| >50~80 | 1.5~2.0 | 0.4~0.5 | 0.10 |
| >80~120 | 1.5~2.0 | 0.5~0.7 | 0.15 |
| >120~180 | 1.5~2.0 | 0.5~0.7 | 0.2 |

表 3-30　磨孔余量　　　　　　　　　　（单位：mm）

| 孔的直径 | 热处理状态 | 孔的长度 | | | | |
|---|---|---|---|---|---|---|
| | | ≤50 | >50~100 | >100~200 | >200~300 | >300~500 |
| ≤10 | 未淬硬 | 0.2 | — | — | — | — |
| | 淬硬 | 0.2 | — | — | — | — |
| >10~18 | 未淬硬 | 0.2 | 0.3 | — | — | — |
| | 淬硬 | 0.3 | 0.4 | — | — | — |
| >18~30 | 未淬硬 | 0.3 | 0.3 | 0.4 | — | — |
| | 淬硬 | 0.3 | 0.4 | 0.4 | — | — |
| >30~50 | 未淬硬 | 0.3 | 0.3 | 0.4 | 0.4 | — |
| | 淬硬 | 0.4 | 0.4 | 0.4 | 0.5 | — |
| >50~80 | 未淬硬 | 0.4 | 0.4 | 0.4 | 0.4 | — |
| | 淬硬 | 0.4 | 0.5 | 0.5 | 0.5 | — |
| >80~120 | 未淬硬 | 0.5 | 0.5 | 0.5 | 0.5 | 0.6 |
| | 淬硬 | 0.5 | 0.5 | 0.6 | 0.6 | 0.7 |
| >120~180 | 未淬硬 | 0.6 | 0.6 | 0.6 | 0.6 | 0.6 |
| | 淬硬 | 0.6 | 0.6 | 0.6 | 0.6 | 0.7 |
| >180~260 | 未淬硬 | 0.6 | 0.6 | 0.7 | 0.7 | 0.7 |
| | 淬硬 | 0.7 | 0.7 | 0.7 | 0.7 | 0.8 |

（续）

| 孔的直径 | 热处理状态 | 孔的长度 | | | | |
|---|---|---|---|---|---|---|
| | | ≤50 | >50~100 | >100~200 | >200~300 | >300~500 |
| >260~360 | 未淬硬 | 0.7 | 0.7 | 0.7 | 0.8 | 0.8 |
| | 淬硬 | 0.7 | 0.8 | 0.8 | 0.8 | 0.9 |
| >360~500 | 未淬硬 | 0.8 | 0.8 | 0.8 | 0.8 | 0.8 |
| | 淬硬 | 0.8 | 0.8 | 0.8 | 0.9 | 0.9 |

表 3-31 矩形花键的精加工余量 （单位：mm）

| 花键轴小径 | 精铣花键 | | | 磨花键 | | |
|---|---|---|---|---|---|---|
| | 花键的长度 | | | | | |
| | ≤100 | >100~200 | >200~350 | ≤100 | >100~200 | >200~350 |
| | 加工余量 | | | | | |
| 10~18 | 0.4~0.6 | 0.5~0.7 | — | 0.1~0.2 | 0.2~0.3 | — |
| >18~30 | 0.5~0.7 | 0.6~0.8 | 0.7~0.9 | 0.1~0.2 | 0.2~0.3 | 0.2~0.4 |
| >30~50 | 0.6~0.8 | 0.7~0.9 | 0.8~1.0 | 0.2~0.3 | 0.2~0.4 | 0.3~0.5 |
| >50 | 0.7~0.9 | 0.8~1.0 | 0.9~1.2 | 0.2~0.4 | 0.3~0.5 | 0.3~0.5 |

表 3-32 基孔制 7 级孔加工 （单位：mm）

| 加工孔的直径 | 钻孔直径 | 扩孔钻孔直径 | 粗铰孔直径 | 精铰孔直径 |
|---|---|---|---|---|
| 3 | 2.9 | — | — | 3H7 |
| 4 | 3.9 | — | — | 4H7 |
| 5 | 4.8 | — | — | 5H7 |
| 6 | 5.8 | — | 7.96 | 6H7 |
| 8 | 7.8 | — | 9.96 | 8H7 |
| 10 | 9.8 | — | 11.95 | 10H7 |
| 12 | 11.0 | 11.85 | 12.95 | 12H7 |
| 13 | 12.0 | 12.85 | 13.95 | 13H7 |
| 14 | 13.0 | 13.85 | 14.95 | 14H7 |
| 15 | 14.0 | 14.85 | 15.95 | 15H7 |
| 16 | 15.0 | 15.85 | 17.94 | 16H7 |
| 18 | 17.0 | 17.85 | 19.94 | 18H7 |

| 加工孔的直径 | 钻孔直径 | | 用车刀镗孔直径 | 扩孔钻孔直径 | 粗铰孔直径 | 精铰孔直径 |
|---|---|---|---|---|---|---|
| | 第一次 | 第二次 | | | | |
| 20 | 18.0 | — | 19.8 | 19.8 | 19.94 | 20H7 |
| 22 | 20.0 | — | 21.8 | 21.8 | 21.94 | 22H7 |
| 24 | 22.0 | — | 23.8 | 23.8 | 23.94 | 24H7 |
| 25 | 23.0 | — | 24.8 | 24.8 | 24.49 | 25H7 |
| 26 | 24.0 | — | 25.8 | 25.8 | 25.94 | 26H7 |
| 28 | 26.0 | — | 27.8 | 27.8 | 27.94 | 28H7 |
| 30 | 15.0 | 28.0 | 29.8 | 29.8 | 29.93 | 30H7 |
| 32 | 15.0 | 30.0 | 31.7 | 31.75 | 31.93 | 32H7 |
| 35 | 20.0 | 33.0 | 34.7 | 34.75 | 34.93 | 35H7 |
| 38 | 20.0 | 36.0 | 37.7 | 37.75 | 37.93 | 38H7 |
| 40 | 25.0 | 38.0 | 39.7 | 39.75 | 39.93 | 40H7 |
| 42 | 25.0 | 40.0 | 41.7 | 41.75 | 41.93 | 42H7 |
| 45 | 25.0 | 43.0 | 44.7 | 44.75 | 44.93 | 45H7 |
| 48 | 25.0 | 46.0 | 47.7 | 47.75 | 47.93 | 48H7 |
| 50 | 25.0 | 48.0 | 49.7 | 49.75 | 49.93 | 50H7 |

（续）

| 加工孔的直径 | 钻孔直径 | | 用车刀镗孔直径 | 扩孔钻孔直径 | 粗铰孔直径 | 精铰孔直径 |
|---|---|---|---|---|---|---|
| | 第一次 | 第二次 | | | | |
| 60 | 30 | 55.0 | 59.5 | 59.5 | 59.9 | 60H7 |
| 70 | 30 | 65.0 | 69.5 | 69.5 | 69.9 | 70H7 |
| 80 | 30 | 75.0 | 79.5 | 79.5 | 79.9 | 80H7 |
| 90 | 30 | 80.0 | 89.3 | — | 89.8 | 90H7 |
| 100 | 30 | 80.0 | 99.3 | — | 99.8 | 100H7 |
| 120 | 30 | 80.0 | 119.3 | — | 119.8 | 120H7 |

注：1. 在铸铁上加工直径小于15mm的孔时，不用扩钻镗孔。

2. 在铸铁上加工直径为30mm与32mm的孔时，仅用直径为28mm与30mm的钻头钻一次。

3. 用磨削作为孔的最后加工方法时，精镗以后的直径根据表3-29查得。

4. 如仅用一次铰孔，则铰孔的加工余量为本表中粗铰与精铰的加工余量之和。

### 表3-33　花键孔拉削余量　　　　（单位：mm）

| 花键规格 | | 定心方式 | |
|---|---|---|---|
| 键数 | 外径 | 外径定心 | 内径定心 |
| 6 | 35~42 | 0.4~0.5 | 0.7~0.8 |
| 6 | 45~50 | 0.5~0.6 | 0.8~0.9 |
| 6 | 55~90 | 0.6~0.7 | 0.9~1.0 |
| 10 | 30~42 | 0.4~0.6 | 0.7~0.8 |
| 10 | 45 | 0.5~0.6 | 0.8~0.9 |
| 16 | 38 | 0.4~0.6 | 0.7~0.8 |
| 16 | 50 | 0.5~0.6 | 0.8~0.9 |

### 表3-34　攻螺纹前钻孔用麻花钻直径（摘自 JB/T 9987—1999）　　（单位：mm）

| 基本直径 $D$ | 螺距 $P$ | 普通螺纹内螺纹小径 $D_1$ | | | | 麻花钻直径 $d$ |
|---|---|---|---|---|---|---|
| | | 5Hmax | 6Hmax | 7Hmax | 5H、6H、7Hmin | |
| 5.0 | 0.8 | 4.294 | 4.324 | 4.384 | 4.134 | 4.20 |
| 6.0 | 1 | 5.107 | 5.153 | 5.217 | 4.917 | 5.00 |
| 7.0 | | 6.107 | 6.153 | 6.217 | 5.917 | 6.00 |
| 8.0 | 1.25 | 6.859 | 6.912 | 6.932 | 6.647 | 6.80 |
| 9.0 | | 7.359 | 7.912 | 7.982 | 7.647 | 7.80 |
| 10.0 | 1.5 | 8.612 | 8.676 | 8.751 | 8.376 | 8.50 |
| 11.0 | | 9.612 | 9.676 | 9.751 | 9.376 | 9.50 |
| 12.0 | 1.75 | 10.371 | 10.441 | 10.531 | 10.106 | 10.20 |
| 14.0 | 2 | 12.135 | 12.210 | 12.310 | 11.835 | 12.00 |
| 16.0 | | 14.135 | 14.210 | 14.310 | 13.835 | 14.00 |
| 18.0 | 2.5 | 15.649 | 15.744 | 15.854 | 15.294 | 15.50 |
| 20.0 | | 17.649 | 17.744 | 17.854 | 17.294 | 17.50 |
| 22.0 | | 19.649 | 19.744 | 19.854 | 19.294 | 19.50 |

（续）

| 基本直径 D | 螺距 P | 普通螺纹内螺纹小径 $D_1$ | | | | 麻花钻直径 d |
|---|---|---|---|---|---|---|
| | | 5Hmax | 6Hmax | 7Hmax | 5H、6H、7Hmin | |
| 24.0 | 3 | 21.152 | 21.252 | 21.382 | 20.752 | 21.00 |
| 27.0 | | 24.152 | 24.252 | 24.382 | 23.752 | 24.00 |

表 3-35　圆孔拉削余量　　　　　　　　　（单位：mm）

| 直径 D | 拉削余量 | 直径 D | 拉削余量 |
|---|---|---|---|
| 10~12 | 0.4 | >30~40 | 0.8 |
| >12~18 | 0.5 | >40~60 | 1.0 |
| >18~25 | 0.6 | >60~100 | 1.2 |
| >25~30 | 0.7 | >100~160 | 1.4 |

# 3.5　机床设备选择

　　在工艺文件中，需要规定每一工序所使用的机床及刀具、夹具、量具。机床及工艺装备的选用应当既要保证加工质量，又要经济合理。在成批生产条件下，一般采用通用机床和专用工艺装备。

## 3.5.1　卧式车床

　　卧式车床的主要技术参数见表 3-36，主轴转速和刀架进给量见表 3-37。

表 3-36　常用卧式车床的主要技术参数　　　　　　　　　（单位：mm）

| 技术规格 | | 型号 | | |
|---|---|---|---|---|
| | | C620-1 | CA6140 | C630 |
| 最大加工直径 | 在床身上 | 400 | 400 | 615 |
| | 在刀架上 | 210 | 210 | 345 |
| 棒料 | | 38 | 48 | 68 |
| 最大加工长度 | | 650<br>900<br>1300<br>1900 | 750<br>1000<br>1500<br>2000 | 1210<br>2800 |
| 主轴孔径 | | 38 | 48 | 70 |
| 刀架进给量/(mm/r) | 纵向 | 0.08~1.59 | 0.028~6.33 | 0.15~2.65 |
| | 横向 | 0.027~0.52 | 0.014~3.16 | 0.05~0.9 |
| 主电动机功率/kW | | 7 | 7.5 | 10 |
| 中心高 | | 200 | 200 | 300 |

表 3-37　卧式车床的主轴转速和刀架进给量

| 主轴<br>转速<br>（r/min） | C620-1 | 正转 | 12、15、19、24、30、38、46、58、76、90、120、150、185、230、305、370、380、460、480、600、610、760、955、1200 |
| | | 反转 | 8、30、48、73、121、190、295、485、590、760、970、1520 |
| | CA6140 | 正转 | 10、12.5、16、20、25、32、40、50、63、80、100、125、160、200、250、320、400、450、500、560、710、900、1120、1400 |
| | | 反转 | 14、22、36、56、90、141、226、362、565、633、1018、1580 |
| | C630 | 正转 | 14、18、24、30、37、47、57、72、95、119、149、188、229、288、380、478、595、750 |
| | | 反转 | 22、39、60、91、149、234、361、597、945 |
| 刀架<br>进给量<br>/（mm/r） | C620-1 | 纵向 | 0.08、0.09、0.10、0.11、0.12、0.13、0.14、0.15、0.16、0.18、0.20、0.22、0.24、0.26、0.28、0.30、0.33、0.35、0.40、0.45、0.48、0.50、0.55、0.60、0.65、0.71、0.81、0.91、0.96、1.01、1.11、1.21、1.28、1.46、1.59 |
| | | 横向 | 0.027、0.029、0.023、0.038、0.04、0.042、0.046、0.05、0.054、0.058、0.067、0.075、0.078、0.084、0.092、0.10、0.11、0.12、0.13、0.15、0.16、0.17、0.18、0.20、0.22、0.23、0.27、0.30、0.32、0.33、0.37、0.40、0.41、0.48、0.52 |
| | CA6140 | 纵向 | 0.028、0.032、0.036、0.039、0.043、0.046、0.050、0.054、0.08、0.09、0.10、0.11、0.12、0.13、0.14、0.15、0.16、0.18、0.20、0.23、0.24、0.26、0.28、0.30、0.33、0.36、0.41、0.46、0.48、0.51、0.56、0.61、0.66、0.71、0.81、0.91、0.94、0.06、1.02、1.03、1.09、1.12、1.15、1.22、1.29、1.47、1.59、1.71、1.87、2.05、2.16、2.28、2.57、2.93、3.16、3.42、3.74、4.11、4.32、4.56、5.14、5.87、6.33 |
| | | 横向 | 0.014、0.016、0.018、0.019、0.021、0.023、0.025、0.027、0.040、0.045、0.050、0.055、0.060、0.065、0.070、0.075、0.08、0.09、0.10、0.11、0.12、0.13、0.14、0.15、0.16、0.17、0.20、0.22、0.24、0.25、0.28、0.30、0.33、0.35、0.40、0.43、0.45、0.47、0.48、0.50、0.51、0.54、0.56、0.57、0.61、0.64、0.73、0.79、0.86、0.94、1.02、1.08、1.14、1.28、1.46、1.58、1.72、1.88、2.04、2.16、2.28、2.56、2.92、3.16 |
| | C630 | 纵向 | 0.15、0.17、0.19、0.21、0.24、0.27、0.30、0.33、0.38、0.42、0.48、0.54、0.60、0.65、0.75、0.84、0.96、1.07、1.2、1.33、1.5、1.7、1.9、2.15、2.4、2.65 |
| | | 横向 | 0.05、0.06、0.065、0.07、0.08、0.09、0.10、0.11、0.12、0.14、0.16、0.18、0.20、0.22、0.25、0.28、0.32、0.36、0.40、0.45、0.50、0.56、0.64、0.72、0.81、0.9 |

## 3.5.2　铣床

　　铣床的主要技术参数见表 3-38～表 3-41。其中表 3-38 所示为立式铣床的主要技术参数，表 3-39 所示为立式铣床的主轴转速和工作台进给量，表 3-40 所示为卧式（万能）铣床的主要技术参数，表 3-41 所示为卧式（万能）铣床的主轴转速和工作台进给量。

表 3-38　立式铣床的主要技术参数　　　　　　（单位：mm）

| 技术规格 | 型号 | | |
| --- | --- | --- | --- |
| | X52K | X53K | X53T |
| 主轴端面至工作台面距离 | 30～400 | 30～500 | 0～500 |
| 主轴中心线至床身垂直导轨面距离 | 350 | 450 | 450 |
| 主轴孔径 | 29 | 29 | 69.85 |

（续）

| 技术规格 | | 型号 | | |
|---|---|---|---|---|
| | | X52K | X53K | X53T |
| 刀杆直径 | | 32~50 | 32~50 | 40 |
| 立铣头最大回转角度 | | ±45° | ±45° | ±45° |
| 主轴转速/(r/min) | | 30~1500 | 30~1500 | 18~1400 |
| 主轴轴向移动量 | | 70 | 85 | 90 |
| 工作台面积(长×宽)/(mm×mm) | | 1250×320 | 1600×400 | 2000×425 |
| 工作台最大行程 | 纵向(手动/机动) | 700/680 | 900/880 | 1260/1250 |
| | 横向(手动/机动) | 255/240 | 315/300 | 410/400 |
| | 升降(手动/机动) | 370/350 | 385/365 | 410/400 |
| 工作台T形槽 | 槽数 | 3 | 3 | 3 |
| | 宽度 | 18 | 18 | 18 |
| | 槽距 | 70 | 90 | 90 |
| 主电动机功率/kW | | 7.5 | 10 | 10 |

表3-39  立式铣床的主轴转速和工作台进给量

| 主轴转速/(r/min) | X52K X53K | | 30、37.5、47.5、60、75、95、118、150、190、235、300、375、475、600、750、950、1180、1500 |
|---|---|---|---|
| | X53T | | 22、28、35、45、56、71、90、112、140、180、224、270、355、450、560、710、900、1120、1400 |
| 工作台进给量/(mm/min) | X52K X53K | 纵向 | 23.5、30、37.5、47.5、60、75、95、118、150、190、235、300、375、475、600、750、950、1180 |
| | | 横向 | 15、20、25、31、40、50、63、78、100、126、156、200、250、316、400、500、634、786 |
| | | 升降 | 8、10、12.5、15.5、20、25、31.5、39、50、63、78、100、125、158、200、250、317、394 |
| | X53T | 纵向及横向 | 10、14、60、28、40、56、80、110、160、220、315、450、630、900、1250 |
| | | 升降 | 2.5、3.5、5、7、10、14、20、27.5、40、55、78.5、112.5、157.5、225、315 |

表3-40  卧式（万能）铣床的主要技术参数  （单位：mm）

| 技术规格 | 型号 | | | |
|---|---|---|---|---|
| | X60(X60W) | X61(X61W) | X62(X62W) | X63(X63W) |
| 主轴轴线至工作台面距离 | 0~300 | 30~360 (30~330) | 30~390 (30~350) | 30~420 (30~380) |
| 床身垂直导轨面至工作台距离 | — | 165~365 | 215~470 | 255~570 |
| 主轴轴线至悬梁下平面的距离 | 140 | 150 | 155 | 190 |
| 刀杆直径 | — | 22、27、32、40 | 22、27、32 | 32、50 |
| 主轴转速/(r/min) | 50~2240 | 22~1800 | 30~1500 | 30~1500 |
| 工作台面积(长×宽)/(mm×mm) | 800×200 | 1000×250 | 1250×320 | 1600×400 |

（续）

| 技术规格 | | 型号 | | | |
|---|---|---|---|---|---|
| | | X60（X60W） | X61（X61W） | X62（X62W） | X63（X63W） |
| 工作台最大行程 | 纵向（手动/机动） | 500 | 620/620 | 700/680 | 900/880 |
| | 横向（手动/机动） | 160 | 190（185）/170 | 255/240 | 315/300 |
| | 升降（手动/机动） | 320 | 330/330（300） | 360（320）/340 [300] | 390（350）/370 [330] |
| 工作台T型槽 | 槽数 | — | 3 | 3 | 3 |
| | 宽度 | — | 14 | 18 | 18 |
| | 槽距 | — | 50 | 70 | 90 |
| 工作台最大回转角度 | | 无（±45°） | 无（±45°） | 无（±45°） | 无（±45°） |
| 主电动机功率/kW | | 2.8 | 4 | 7.5 | 10 |

表 3-41　卧式（万能）铣床的主轴转速和工作台进给量

| | | | |
|---|---|---|---|
| 主轴转速/（r/min） | X60、X60W | | 50、71、100、140、200、280、400、560、800、1120、1600、2240 |
| | X61、X61W | | 65、80、100、125、160、210、255、300、380、490、590、725、945、1225、1500、1800 |
| | X62、X62W X63、X63W | | 30、37.5、47.5、60、75、95、118、150、390、235、300、375、475、600、750、950、1180、1500 |
| | X63T、X63WT | | 18、22、28、35、45、56、71、90、112、140、180、224、280、355、450、560、710、900、1120、1400 |
| 工作台进给量/（mm/min） | X60、X60W | 纵向 | 22.4、31.5、45、63、90、125、180、250、355、500、710、1000 |
| | | 横向 | 16、22.4、31.5、45、63、90、125、180、250、355、500、710 |
| | | 升降 | 8、11.2、16、22.4、31.5、45、63、90、125、180、250、355 |
| | X61、X61W | 纵向 | 35、40、50、65、85、105、125、165、205、250、300、390、510、620、755、980 |
| | | 横向 | 25、30、40、50、65、80、100、130、150、190、230、320、400、480、585、765 |
| | | 升降 | 12、15、20、25、33、40、50、65、80、95、115、160、200、240、290、380 |
| | X62、X62W X63、X63W | 纵向及横向 | 23.5、30、37.5、47.5、60、75、95、118、160、190、235、300、375、475、600、750、950、1180 |
| | X63T、X63WT | 纵向及横向 | 10、14、20、28、40、56、80、110、160、220、315、450、630、900、1250 |
| | | 升降 | 2.5、3.5、5、7、10、14、20、27.5、40、55、78、75、112、157.5、225、315 |

## 3.5.3　钻床

钻床的主要技术参数见表 3-42~表 3-47。

其中表 3-42 所示为台式钻床的主要技术参数，表 3-43 所示为台式钻床的主轴转速，表 3-44 所示为摇臂钻床的主要技术参数，表 3-45 所示为摇臂钻床的主轴转速和主轴进给量，表 3-46 所示为立式钻床的主要技术参数，表 3-47 所示为立式钻床的主轴转速和主轴进给量。

**表 3-42 台式钻床的主要技术参数** （单位：mm）

| 技术规格 | 型号 | | |
|---|---|---|---|
| | Z406 | Z512 | Z512-A |
| 最大钻孔直径 | 6 | 12 | 12 |
| 主轴行程 | 65 | 100 | 100 |
| 主轴中心线至立柱表面距离 | 140 | 190 | 200 |
| 主轴端面至工作台面距离 | 125~225 | 130~430 | 170~335 |
| 主轴转速/(r/min) | 1450~5800 | 460~4250 | 480~4100 |
| 工作台面尺寸/mm×mm | 250×250 | 350×350 | 265×265 |
| 主电动机功率/kW | 0.37 | 0.55 | 0.37 |

**表 3-43 台式钻床的主轴转速** （单位：r/min）

| 转速 | Z406 | 1450、2900、5800 |
|---|---|---|
| | Z512 | 460、620、650、1220、1610、2280、3150、4250 |
| | Z512-A | 480、800、1400、2440、4100 |

**表 3-44 摇臂钻床的主要技术参数** （单位：mm）

| 技术规格 | 型号 | | |
|---|---|---|---|
| | Z3025 | Z33S-1 | Z35 |
| 最大钻孔直径 | 25 | 35 | 50 |
| 主轴中心线至立柱表面距离 | 280~900 | 350~1200 | 450~1600 |
| 主轴最大行程 | 250 | 300 | 350 |
| 主轴转速 | 50~2500 | 50~1600 | 34~1700 |
| 主轴进给量/(mm/r) | 0.05~1.6 | 0.06~1.2 | 0.03~1.2 |
| 主轴最大扭转力矩(N·m) | 196.2 | — | 735.75 |
| 主轴箱水平移动距离 | 630 | 850 | 1150 |
| 横臂升降距离 | 525 | 730 | 680 |
| 横臂回转角度 | 360° | 360° | 360° |
| 主电机功率/kW | 2.2 | 2.8 | 4.5 |

**表 3-45 摇臂钻床的主轴转速和主轴进给量**

| 主轴转速<br>/(r/min) | Z3025 | 50、80、125、200、250、315、400、500、630、1000、1600、2500 |
|---|---|---|
| | Z33S-1 | 50、100、200、400、800、1600 |
| | Z35 | 34、42、52、67、85、105、132、170、265、335、420、530、670、850、1050、1320、1700 |
| 进给量<br>(mm/r) | Z3025 | 0.05、0.08、0.12、0.16、0.2、0.25、0.3、0.4、0.5、0.63、1、1.6 |
| | Z33S-1 | 0.06、0.12、0.24、0.3、0.6、1.2 |
| | Z35 | 0.03、0.04、0.05、0.07、0.09、0.12、0.14、0.15、0.19、0.20、0.25、0.26、0.32、0.4、0.56、0.67、0.9、1.2 |

表 3-46　立式钻床的主要技术参数　　　　　　　　　（单位：mm）

| 技术规格 | 型号 | | |
|---|---|---|---|
| | Z525 | Z525B | Z535 |
| 最大钻孔直径 | 25 | 25 | 37 |
| 主轴端面至工作台面距离 | 0~700 | 0~415 | 0~750 |
| 主轴行程 | 175 | 200 | 225 |
| 主轴转速/(r/min) | 97~1360 | 85~1500 | 68~1100 |
| 主轴箱行程 | 200 | — | 200 |
| 进给量/(mm/r) | 0.1~0.81 | 0.13~0.52 | 0.11~1.6 |
| 工作台行程 | 325 | 385 | 325 |
| 工作台工作面积/mm² | 500×375 | π×200² | 450×500 |
| 主电动机功率/kW | 2.8 | 2.2 | 4.5 |

表 3-47　立式钻床的主轴转速和主轴进给量

| | | |
|---|---|---|
| 主轴转速 /(r/min) | Z525 | 97、140、195、272、392、545、680、960、1360 |
| | Z525B | 85、150、265、475、850、1500 |
| | Z535 | 68、100、195、275、400、530、750、1100 |
| 进给量 /(mm/r) | Z525 | 0.10、0.13、0.17、0.2、0.28、0.36、0.48、0.62、0.81 |
| | Z525B | 0.13、0.21、0.32、0.52 |
| | Z535 | 0.11、0.15、0.2、0.25、0.32、0.43、0.57、0.72、0.96、1.22、1.6 |

## 3.5.4　磨床

万能外圆磨床的主要技术参数见表 3-48，卧轴矩台平面磨床的主要技术参数见表 3-49。

表 3-48　万能外圆磨床的主要技术参数　　　　　　　　（单位：mm）

| 技术规格 | 型号 | | | |
|---|---|---|---|---|
| | M114W | M115W | M120W | M131W |
| 磨削工件直径 | 4~140 | 150 | 7~200 | 8~315 |
| 用中心架时磨削工件的直径 | — | 8~40 | — | 8~60 |
| 可磨内圆直径 | 10~25 | 80 | 18~50 | 13~125 |
| 磨削外圆的最大长度 | 180、350 | 650 | 500 | 710、1000、1400 |
| 磨削内圆的最大长度 | 50 | 75 | 75 | 125 |
| 中心高 | 80 | 100 | 110 | 170 |
| 头架主轴转速/(r/min) | 200、300、400、510、600、1020 | 45、70、115、175、275、450 | 80、165、250、330、500 | 35、70、140、280 |
| 头架回转角度 | 90° | 90° | +90°、-30° | +90°、-30° |
| 砂轮尺寸(外径×宽度×内径)/(mm×mm×mm) | (160~250)×20×7 | 300×40×127 | (220~300)×40×127 | (280~400)×50×203 |

（续）

| 技术规格 | 型号 | | | |
|---|---|---|---|---|
| | M114W | M115W | M120W | M131W |
| 砂轮主轴转速/(r/min) | 2667、3340 | 2200 | 2200 | 1990、2670 |
| 内圆磨砂轮尺寸(外径×宽度×内径)/(mm×mm×mm) | — | (12~35)×(13~25)×(4~10) | (15~40)×(16~32) | (12~80)×(16~32)×(5~20) |
| 内圆磨主轴转速/(r/min) | 17000 | 10000 | 12500、21600 | 10000、20000 |
| 工作台最大移动量 | 300、400 | 740 | 590 | 780、1100、1540 |
| 工作台移动速度/(mm/min) | 200~6000(无级) | 500~5000(无级) | 100~6000(无级) | 100~6000 |
| 工作台最大回转角 顺时针 | 7° | 5° | 7° | 3° |
| 工作台最大回转角 逆时针 | 5° | 5° | 6° | 3°、6°、9° |
| 砂轮轴电动机功率/kW | 1.5 | 2.8 | 3 | 4 |

表 3-49  卧轴矩台平面磨床的主要技术参数　　　（单位：mm）

| 技术规格 | 型号 | | | |
|---|---|---|---|---|
| | M7120A | M7130 | M7130K | M7140 |
| 磨削工件最大尺寸:长×宽×高/(mm×mm×mm) | 630×200×320 | 1000×300×400 | 1600×300×400 | 2000×400×600 |
| 磨头中心线至工作台面距离 | 100~445 | 135~575 | 135~575 | — |
| 磨头最大移动量 横向 | 250 | 350 | 350 | 550 |
| 磨头最大移动量 垂直 | 345 | 400 | 440 | 600 |
| 磨头横向连续进给量/(m/min) | 0.3~3 | 0.5~4.5 | 0.5~4.5 | 0.5~5 |
| 磨头横向间歇进给量/(mm/单行程) | 1~12 | 3~30 | 3~30 | 3~50 |
| 磨头主轴转速/(r/min) | 3000、3600 | 1500 | 1500 | 1440 |
| 手轮每转一格磨头进给量 垂直 | 0.005 | 0.01 | 0.01 | 0.005 |
| 手轮每转一格磨头进给量 横向 | 0.01 | 0.01 | 0.01 | 0.002 |
| 工作台面积(长×宽)/(mm×mm) | 630×200 | 1000×300 | 1600×300 | 2000×400 |
| 工作台纵向移动量 | 780 | 200~1100 | 200~1650 | 800~2100 |
| 工作台纵向移动速度/(m/min) | 1~18 | 3~18 | 2~20 | 5~30 |
| 砂轮尺寸(外径×宽度×内径)/(mm×mm×mm) | (170~250)×25×75 | (270~350)×40×127 | (270~350)×40×127 | (375~500)×(60~100)×305 |
| 主电动机功率/kW | 3 | 4.5 | 4.5 | 28 |

## 3.5.5  插床和拉床

插床的主要技术参数见表 3-50，卧式内拉床的主要技术参数见表 3-51。

表 3-50　插床的主要技术参数　　　　　　　　　　（单位：mm）

| 技术规格 | 型号 | | | |
|---|---|---|---|---|
| | B5020 | B35032 | B5050 | B50100 |
| 最大插削长度 | 200 | 320 | 500 | 1000 |
| 工件最大尺寸（长×高）/(mm×mm) | 485×200 | 600×320 | 900×750 | 2000(外径) |
| 工件最大重量/kg | 400 | 500 | 600 | 5000 |
| 刀具支承面至床身前壁间的距离 | 485 | 600 | 1000 | 1120 |
| 工作台面至滑枕导轨下端的距离 | 320 | 490 | 750 | 1140 |
| 滑枕行程 | 25~220 | 50~340 | 125~580 | 300~1000 |
| 滑枕垂直调整量 | 230 | 315 | 260 | 840 |
| 滑枕最大回转角度 | 8° | 8° | 10° | — |
| 滑枕工作行程速度/(m/min) | 1.7~27.5 | 1.9~21.2 | 5~22 | 4~30 |
| 插刀最大尺寸（宽×高）/(mm×mm) | 25×40 | 25×40 | 30×55 | — |
| 工作台直径 | 500 | 630 | 800 | 1250 |
| 主电动机功率/kW | 3 | 4 | 10 | 30 |

表 3-51　卧式内拉床的主要技术参数　　　　　　　　（单位：mm）

| 型号 | 主要技术参数 | | | | | | |
|---|---|---|---|---|---|---|---|
| | 规格 | | 溜板行程速度（无级）(m/min) | | 工作台孔径 | 花盘孔径 | 工作精度 |
| | 额定拉力/kN | 溜板最大行程 | 工作 | 返回 | | | 试件拉削后孔轴线对基面的垂直度 |
| L6106/1 | 63 | 800 | 1.5~7 | 7~20 | 125 | 80 | 0.08/200 |
| L6110A | 100 | 1250 | 2~11 | 7~20 | 150 | 100 | 0.08/200 |
| L6120C | 200 | 1600 | 1.5~11 | 7~20 | 200 | 130 | 0.08/200 |
| L6140B | 400 | 2000 | 1.5~7 | 7~20 | 250 | 150 | 0.08/200 |
| L61100 | 1000 | 2000 | 1~3 | 7~12 | 400 | 320 | 0.08/200 |

# 3.6　金属切削刀具选用

## 3.6.1　车刀

### 1. 概述

车刀用于普通车床、转塔车床、立式车床、镗床、自动车床及数控加工中心上，加工工件的回转表面。车刀根据切削工件表面的不同，总体可以分外表面车刀和内表面车刀。主要包括端面车刀、切断刀、外圆车刀、内孔车刀、仿形车刀、成形车刀、车槽刀、螺纹车刀等。

车刀的切削部分由主切削刃、副切削刃、前刀面、后刀面和副后刀面等组成，其几何形状由前角 $\gamma_0$、后角 $\alpha_0$、主偏角 $\kappa_r$、刃倾角 $\gamma_0$、副偏角 $\kappa_r'$、刀尖圆弧半径 $r_g$ 所决定。

　　车刀前刀面的型式主要根据工件材料和刀具材料的性质而定。负前角的平面型适用于加工高强度钢和粗切铸钢件的硬质合金车刀。带倒棱的平面型是在正前角平面上磨有负倒棱以提高切削刃强度，适用于加工铸铁和一般钢件的硬质合金车刀。对于要求断屑的车刀，可用带负倒棱的圆弧面型，或在平面型的前刀面上磨出断屑台。

　　车刀按用途可分为外圆、台肩、端面、切槽、切断、螺纹和成形车刀等。还有专供自动线和数字控制机床用的车刀。按刀具材料可分为高速钢车刀、陶瓷刀具、硬质合金车刀、立方氮化硼车刀等。按结构可分为整体车刀、焊接车刀、机夹车刀、可转位车刀和成型车刀。

　　车刀刀杆的截面型式有圆形截面、正方形截面和矩形截面。车刀刀杆截面尺寸的选取应考虑机床中心高、刀夹型式及切削截面尺寸等几方面因素。

　　根据机床中心高选择车刀刀杆截面尺寸推荐值见表3-52。

表3-52　根据机床中心高选择车刀刀杆截面尺寸　　　　（单位：mm×mm）

| 中心高/mm | 150 | 180~200 | 260~300 | 350~400 |
|---|---|---|---|---|
| 矩形截面（长×宽） | 20×12 | 25×16 | 32×20 | 40×25 |
| 方形截面（长×宽） | 16×16 | 20×20 | 25×25 | 32×32 |

　　选取整体高速钢车刀刀杆截面，还应按照 GB/T 4211.1—2004《高速钢车刀条》来确定，见表3-53、表3-54。

表3-53　正方形截面车刀条　　　　（单位：mm）

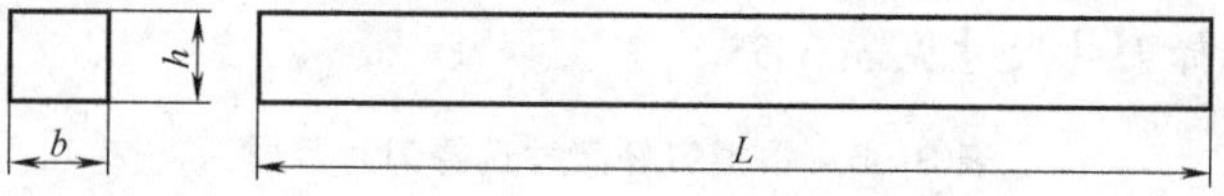

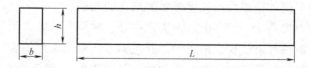

| $h$(h13) | $b$(h13) | $L\pm2$ | | | | |
|---|---|---|---|---|---|---|
| | | 63 | 80 | 100 | 160 | 200 |
| 4 | 4 | × | | | | |
| 5 | 5 | × | | | | |
| 6 | 6 | × | × | × | × | × |
| 8 | 8 | × | × | × | × | × |
| 10 | 10 | × | × | × | × | × |
| 12 | 12 | × | × | × | × | × |
| 16 | 16 | | | × | × | × |
| 20 | 20 | | | × | × | × |
| 25 | 25 | | | | | × |

表3-54　矩形截面车刀条　　　　（单位：mm）

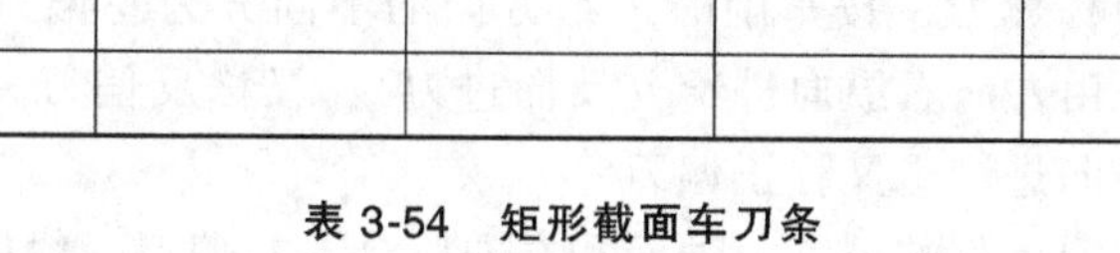

（续）

| 比例 $h/b\approx$ | $h$(h13) | $b$(h13) | $L\pm2$ | | |
|---|---|---|---|---|---|
| | | | 100 | 160 | 200 |
| 1.6 | 6 | 4 | × | | |
| | 8 | 5 | × | | |
| | 10 | 6 | | × | × |
| | 12 | 8 | | × | × |
| | 16 | 10 | | × | × |
| | 20 | 12 | | × | × |
| | 25 | 16 | | | × |
| 2 | 8 | 4 | × | | |
| | 10 | 5 | × | | |
| | 12 | 6 | | × | × |
| | 16 | 8 | | × | × |
| | 20 | 10 | | × | × |
| | 25 | 12 | | | × |
| 2.33 | 14 | 6 | 140 | | |
| 2.5 | 10 | 4 | 120 | | |

根据刀杆尺寸选择刀片尺寸见表3-55。

**表3-55　根据刀杆尺寸选择刀片尺寸** （单位：mm×mm）

| 刀杆尺寸 $b\times h$ | 10×16 | 12×20 | 16×16 | 16×25 | 20×20 | 20×30 |
|---|---|---|---|---|---|---|
| 刀片厚度/mm | 3.0 | 3.5~4 | 4.5 | 4.5~6 | 5.5 | 6~8 |
| 刀杆尺寸 $b\times h$ | 25×25 | 25×40 | 30×45 | 40×60 | 50×80 | |
| 刀片厚度/mm | 7 | 7~8.5 | 8.5~10 | 9.5~12 | 10.5 | |

**2. 外圆与端面车刀**

普通外圆车刀按照刀具主偏角分为95°、90°、75°、60°、45°等，95°、90°主偏角刀具切削时轴向力较大，径向力较小，适于车削细长轴类零件，75°、60°、45°主偏角刀具适于车削短粗类零件的外圆，其中45°主偏角刀具还可以进行45°倒角车削。

常用的普通外圆车刀主偏角一般为90°、75°和45°。

1）90°外圆车刀简称偏刀，按车削时进给方向的不同分为左偏刀和右偏刀。左偏刀的主切削刃在刀体右侧，由左向右纵向进给（反向进刀），又称反偏刀。右偏刀的主切削刃在刀体左侧，由右向左纵向进给，又称正偏刀。

右偏刀一般用来车削工件的外圆、端面和右向阶台。左偏刀一般用来车削工件的内圆和左向阶台，也适用于车削外径较大而长度较短的工件的端面。

2）75°外圆车刀刀尖角 $\varepsilon_r$ 大于90°，刀头强度好、耐用，因此适用于粗车轴类工件的外圆和强力切削铸件、锻件等余量较大的工件，其左偏刀还用来车削铸件、锻件的大平面。

3）45°外圆车刀俗称弯头刀，分为左右两种，其刀尖角 $\varepsilon_r$ 等于90°，所以刀体强度和散热条件都比90°外圆车刀好,常用于车削工件的端面和进行45°倒角,也可用来车削长度较短的外圆。

外圆车刀角度参考值见表3-56。

表3-56 外圆车刀角度参考值

| 工件材料 | 刀具材料 | 前角 $\gamma_0$ | 后角 $\alpha_0$ | 主偏角 $\kappa_r$ | 刃倾角 $\gamma_0$ | 副偏角 $\kappa_r'$ | 副后角 $\alpha_0'$ | 刀尖圆弧半径 $r_\varepsilon$ /mm |
|---|---|---|---|---|---|---|---|---|
| 低碳钢(Q235) | P30、P10 | 20°~30° | 8°~10° | 45°~90° | -5°~0° | 6°~10° | 6°~8° | 0.2~1 |
| 中碳钢(45 调质) | P30、P10 | 10°~18° | 5°~8° | 45°~90° | -5°~5° | 6°~10° | 4°~6° | 0.2~1 |
| 钢锻件 45、40Cr | P30、P10 | 10°~15° | 5°~7° | 45°~90° | 0°~5° | 6°~10° | 4°~6° | 1~1.5 |
| 灰铸铁 HT200~HT400 | K20、K10 | 5°~15° | 4°~8° | 45°~90° | -5°~0° | 6°~10° | 4°~6° | 0.5~1 |

### 3. 滚花刀

滚花刀适用于在一般圆柱表面滚花。单轮式滚花刀如图3-1a所示,双轮式滚花刀如图3-1b所示,六轮式滚花刀如图3-1c所示。单轮式滚花刀用作直纹滚花,双轮滚花刀可滚出一种网纹,六轮滚花刀能滚出粗、中、细三种不同节距的网纹,直纹滚轮如图3-1d所示;网纹滚轮如图3-1e所示。

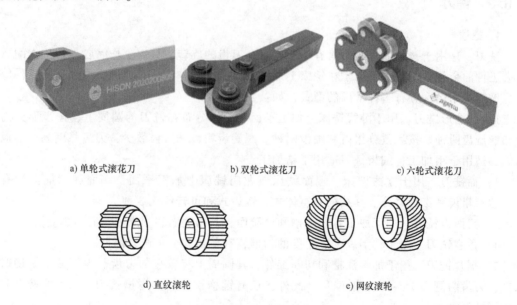

a) 单轮式滚花刀      b) 双轮式滚花刀      c) 六轮式滚花刀

d) 直纹滚轮      e) 网纹滚轮

图3-1 滚花刀及其滚轮

GB/T 6403.3—2008规定了滚花的型式、尺寸和滚花花纹的形状,滚花的型式如图3-2a所示,滚花的尺寸规格见表3-57,滚花花纹的形状是假定工件的直径为无穷大时花纹的垂直截面,如图3-2b所示。

滚花的标记:

模数 $m$ = 0.3mm 直纹滚花;直纹 m0.3 GB/T 6403.3—2008。

模数 $m$ = 0.4mm 网纹滚花;网纹 m0.4 GB/T 6403.3—2008。

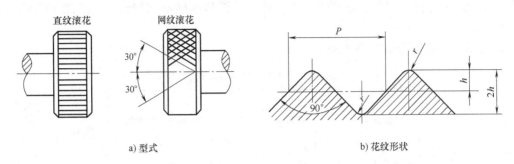

a) 型式　　　　　　　　　　　　　　　　　　b) 花纹形状

图 3-2　滚花结构

**表 3-57　滚花的尺寸规格**　　　　　　　　（单位：mm）

| 模数 $m$ | $h$ | $r$ | 节距 $P$ |
|---|---|---|---|
| 0.2 | 0.132 | 0.06 | 0.628 |
| 0.3 | 0.198 | 0.09 | 0.942 |
| 0.4 | 0.254 | 0.12 | 1.257 |
| 0.5 | 0.326 | 0.16 | 1.571 |

注：表中 $P = \pi m = 3.14m$，$h = 0.785m - 0.414r$，滚花后工件直径大于滚花前直径，其值 $\Delta \approx (0.8 \sim 1.6)m$，$m$ 为模数。

## 3.6.2　铣刀

### 1. 概述

铣刀，是用于铣削加工的、具有一个或多个刀齿的旋转刀具。工作时各刀齿依次间歇地切去工件的余量。铣刀主要用于在铣床上加工平面、台阶、沟槽、成形表面和切断工件等。

铣刀按用途区分有多种常用的型式，如：

1）圆柱形铣刀。用于卧式铣床上加工平面。刀齿分布在铣刀的圆周上，按齿形分为直齿和螺旋齿两种。按齿数分粗齿和细齿两种。螺旋齿粗齿铣刀齿数少，刀齿强度高，容屑空间大，适用于粗加工；细齿铣刀适用于精加工。

2）面铣刀。用于立式铣床、端面铣床或龙门铣床上加工平面，端面和圆周上均有刀齿，也有粗齿和细齿之分。其结构有整体式、镶齿式和可转位式 3 种。

3）三面刃铣刀。用于加工各种沟槽和台阶面，其两侧面和圆周上均有刀齿。

4）角度铣刀。用于铣削成一定角度的沟槽，有单角和双角铣刀两种。

5）锯片铣刀。用于加工深槽和切断工件，其圆周上有较多的刀齿。为了减少铣切时的摩擦，刀齿两侧有 15′~1° 的副偏角。此外，还有键槽铣刀、燕尾槽铣刀、T 形槽铣刀和各种成形铣刀等。

6）立铣刀。用于加工沟槽和台阶面等，刀齿在圆周和端面上，工作时不能沿轴向进给。当立铣刀上有通过中心的端齿时，可轴向进给。

立铣刀大体上分为：

1）平头铣刀，进行粗铣，毛坯去除大量余量，小面积水平平面或者轮廓精铣。

2）球头铣刀，进行曲面半精铣和精铣，小刀可以精铣陡峭面、直壁的小倒角。

3）平头铣刀带倒角，可做粗铣去除毛坯大量余量，还可精铣细平整面（相对于陡峭面）小倒角。

4）成型铣刀，包括倒角刀，T形铣刀（或叫鼓型刀），齿型刀，内R刀。

5）倒角刀，倒角刀外形与倒角形状相同，分为铣圆倒角和斜倒角的铣刀。

6）T形铣刀，可铣T形槽。

7）齿型刀，铣出各种齿型，比如齿轮。

8）粗皮刀，针对铝铜合金切削设计的粗铣刀，可快速加工。

铣刀的结构分为4种：

1）整体式。刀体和刀齿制成一体。

2）整体焊齿式。刀齿用硬质合金或其他耐磨刀具材料制成，并钎焊在刀体上。

3）镶齿式。刀齿用机械夹固的方法紧固在刀体上。这种可换的刀齿可以是整体刀具材料的刀头，也可以是焊接刀具材料的刀头。刀头装在刀体上刃磨的铣刀称为体内刃磨式；刀头在夹具上单独刃磨的称为体外刃磨式。

4）可转位式。这种结构已广泛用于面铣刀、立铣刀和三面刃铣刀等。

**2. 圆柱形铣刀**

圆柱形铣刀（GB/T 1115.1—2002）见表3-58。

标记示例：

外径 $D = 50\text{mm}$，长度 $L = 80\text{mm}$ 的圆柱形铣刀的标记为：圆柱形铣刀 $50 \times 80$ GB/T 1115.1—2002。

表3-58 圆柱形铣刀标准（摘自 GB/T 1115.1—2002） （单位：mm）

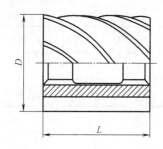

| D(js16) | d(H7) | L(js16) | | | | | | |
|---|---|---|---|---|---|---|---|---|
| | | 40 | 50 | 63 | 70 | 80 | 100 | 125 |
| 50 | 22 | * | | * | | * | | |
| 63 | 27 | | * | | * | | | |
| 80 | 32 | | | * | | | * | |
| 100 | 40 | | | | * | | | * |

注：*表示有此规格。

### 3. 锯片铣刀

锯片铣刀（GB/T 6120—2012）见表 3-59~表 3-61。

标记示例：

$d=125$mm，$L=6$mm 的粗齿锯片铣刀的标记为：粗齿锯片铣刀 125×6 GB/T 6120—2012。

$d=125$mm，$L=6$mm 的中齿锯片铣刀的标记为：中齿锯片铣刀 125×6 GB/T 6120—2012。

$d=125$mm，$L=6$mm 的细齿锯片铣刀的标记为：细齿锯片铣刀 125×6 GB/T 6120—2012。

$d=125$mm，$L=6$mm，$D=27$mm 的中齿锯片铣刀的标记为：中齿锯片铣刀 125×6×27 GB/T 6120—2012。

表 3-59　粗齿锯片铣刀尺寸（摘自 GB/T 6120—2012）　　　（单位：mm）

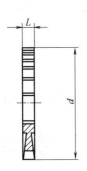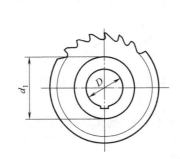

| $d$(js16) | 50 | 63 | 80 | 100 | 125 | 160 | 200 | 250 | 315 |
|---|---|---|---|---|---|---|---|---|---|
| $D$(H7) | 13 | 16 | 22 | 22(27) | 22(27) | 32 | 32 | 32 | 40 |
| $d_{1min}$ | — | — | 34 | 34(40) | 34(40) | 47 | 63 | 63 | 80 |
| $L$(js11) | 齿数（参考） | | | | | | | | |
| 0.80 | 24 | 32 | 40 | 40 | — | — | — | — | — |
| 1.00 | 24 | 32 | 40 | 40 | 48 | — | — | — | — |
| 1.20 | 24 | 24 | 32 | 40 | 40 | 48 | — | — | — |
| 1.60 | 20 | 24 | 24 | 32 | 40 | 48 | 48 | 64 | — |
| 2.00 | 20 | 24 | 24 | 32 | 40 | 40 | 48 | 64 | 64 |
| 2.50 | 20 | 20 | 24 | 24 | 32 | 40 | 40 | 48 | 64 |
| 3.00 | 16 | 20 | 20 | 24 | 32 | 32 | 40 | 48 | 48 |
| 4.00 | 16 | 16 | 20 | 24 | 24 | 32 | 40 | 40 | 48 |
| 5.00 | — | 16 | 20 | 20 | 24 | 32 | 32 | 40 | 48 |
| 6.00 | — | 16 | 20 | 20 | 24 | 24 | 32 | 40 | 48 |

**表 3-60　中齿锯片铣刀尺寸（摘自 GB/T 6120—2012）　　（单位：mm）**

| d(js16) | 32 | 40 | 50 | 63 | 80 | 100 | 125 | 160 | 200 | 250 | 315 |
|---|---|---|---|---|---|---|---|---|---|---|---|
| D(H7) | 8 | 10(13) | 13 | 16 | 22 | 22(27) | | 32 | | | 40 |
| d₁min | — | | | | 34 | 34(40) | | 47 | 63 | | 80 |
| L(js11) | 齿数(参考) | | | | | | | | | | |
| 0.30 | | 48 | 64 | | | | | | | | |
| 0.40 | 40 | | | 64 | | — | | | | | |
| 0.50 | | | 48 | | | | — | | | | |
| 0.60 | | 40 | | | | | | | — | | |
| 0.80 | 32 | | | 48 | 64 | | | | | — | — |
| 1.00 | | | 32 | | | 64 | 80 | | | | |
| 1.20 | | 32 | | | 48 | | | | | | |
| 1.60 | 24 | | | 40 | | | 64 | 80 | | | |
| 2.00 | | | 24 | | | 48 | | | 80 | 100 | |
| 2.50 | 20 | 24 | | | 40 | | | 64 | | | |
| 3.00 | | | | 32 | | | 48 | | | 80 | 100 |
| 4.00 | | 20 | 20 | | | 80 | | | 64 | | |
| 5.00 | — | | | | 32 | | | 48 | | | 80 |
| 6.00 | | | | — | | 32 | 32 | | 48 | 64 | |

**表 3-61　细齿锯片铣刀尺寸（摘自 GB/T 6120—2012）　　（单位：mm）**

| d(js16) | 20 | 25 | 32 | 40 | 50 | 63 | 80 | 100 | 125 | 160 | 200 | 250 | 315 |
|---|---|---|---|---|---|---|---|---|---|---|---|---|---|
| D(H7) | 5 | 8 | | 10(13) | 13 | 16 | 22 | 22(27) | | 32 | | | 40 |
| d₁min | — | | | | | | 34 | 34(40) | | 47 | 63 | | 80 |
| L(js11) | 齿数(参考) | | | | | | | | | | | | |
| 0.20 | 80 | | 100 | 128 | — | | | | | | | | |
| 0.25 | | 80 | | | 128 | | | | | | | | |
| 0.30 | 64 | | 100 | | | | — | | | | | | |
| 0.40 | | | 80 | | | 128 | | — | | | | | |
| 0.50 | | 64 | | | 100 | | | | — | | | | |
| 0.60 | 48 | | | 80 | | | | | | — | | | |
| 0.80 | | | 64 | | | 100 | 128 | | | | | — | |
| 1.00 | | 48 | | | 80 | | | 128 | 160 | | | | |
| 1.20 | 40 | | | 64 | | 100 | | | | | | | |
| 1.60 | | | 48 | | | | 80 | | 128 | 160 | | | |
| 2.00 | 32 | 40 | | | 64 | | | 100 | | | 160 | 200 | |
| 2.50 | | | | 48 | | | 80 | | 128 | | | | |
| 3.00 | | | | | | 64 | | 100 | | | | 160 | 200 |
| 4.00 | — | — | | 40 | 48 | | 80 | | | | 128 | | |
| 5.00 | | | — | | | 64 | | | 100 | | | 128 | 160 |
| 6.00 | | | | 48 | | | 64 | | 80 | | 100 | | |

#### 4. 莫氏锥柄立铣刀

莫氏锥柄立铣刀（GB/T 6117.2—2010）的型式和尺寸如图 3-3 和表 3-62 所示。

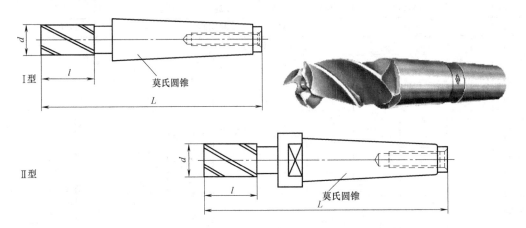

I 型

II 型

图 3-3　莫氏锥柄立铣刀（GB/T 6117.2—2010）的型式

表 3-62　莫氏锥柄立铣刀的尺寸（摘自 GB/T 6117.2—2010）　（单位：mm）

| 直径范围 d > | 直径范围 d ≤ | 推荐直径 d | 推荐直径 d | l 标准系列 | l 长系列 | L 标准系列 I组 | L 标准系列 II组 | L 长系列 I组 | L 长系列 II组 | 莫氏圆锥号 | 粗齿 | 中齿 | 细齿 |
|---|---|---|---|---|---|---|---|---|---|---|---|---|---|
| 5 | 6 | 6 | — | 13 | 24 | 83 | — | 94 | — | 1 | 3 | 4 | |
| 6 | 7.5 | — | 7 | 16 | 30 | 86 | | 100 | | | | | — |
| 7.5 | 9.5 | 8 / 9 | — | 19 | 38 | 89 | | 108 | | | | | |
| 9.5 | 11.8 | 10 | 11 | 22 | 45 | 92 | | 115 | | | | | 5 |
| 11.8 | 15 | 12 | 14 | 26 | 53 | 96 | | 123 | | | | | |
| | | | | | | 111 | | 138 | | | | | |
| 15 | 19 | 16 | 18 | 32 | 63 | 117 | | 148 | | 2 | | | |
| 19 | 23.6 | 20 | 22 | 38 | 75 | 123 | | 160 | | | | | 6 |
| | | | | | | 140 | | 177 | | | | | |
| 23.6 | 30 | 25 | 28 | 45 | 90 | 147 | | 192 | | 3 | | | |
| 30 | 37.5 | 32 | 36 | 53 | 106 | 155 | | 208 | | | | | |
| | | | | | | 178 | 201 | 231 | 254 | 4 | | | |
| 37.5 | 47.5 | 40 | 45 | 63 | 125 | 188 | 211 | 250 | 273 | | 4 | 5 | 8 |
| | | | | | | 221 | 249 | 283 | 311 | 5 | | | |
| 47.5 | 60 | 50 | — | 75 | 150 | 200 | 223 | 275 | 298 | 4 | | | |
| | | | | | | 233 | 261 | 308 | 336 | 5 | | | |
| | | — | 56 | | | 200 | 223 | 275 | 298 | 4 | 6 | 8 | 10 |
| | | | | | | 233 | 261 | 308 | 336 | 5 | | | |
| 60 | 75 | 63 | 71 | 90 | 180 | 248 | 276 | 338 | 366 | | | | |

莫氏锥柄立铣刀按其柄部型式不同分为Ⅰ型、Ⅱ型两种型式，按其刃长不同分为标准系列和长系列。

Ⅰ型莫氏锥柄立铣刀的柄部尺寸和公差按 GB/T 1443—2016。Ⅱ型莫氏锥柄立铣刀的柄部尺寸和公差按 GB 4133—1984。

标记示例：

直径 $d=12\text{mm}$，总长 $L=96\text{mm}$ 的标准系列Ⅰ型中齿莫氏锥柄立铣刀标记为：

中齿 莫氏锥柄立铣刀 12×96 Ⅰ GB/T 6117.2—2010。

直径 $d=50\text{mm}$，总长 $L=298\text{mm}$ 的长系列Ⅱ型粗齿莫氏锥柄立铣刀标记为：

粗齿 莫氏锥柄立铣刀 50×298 Ⅱ GB/T 6117.2—2010。

**5. 直柄立铣刀**

直柄立铣刀（GB/T 6117.1—2010）的型式有4种，分别为：普通直柄立铣刀、削平直柄立铣刀、2°斜削平直柄立铣刀和螺纹柄立铣刀，如图3-4所示。直柄立铣刀按其刃长不同分为标准系列和长系列。尺寸由表3-63给出。

标记示例：

直径 $d=8\text{mm}$，中齿，柄径 $d_1=8\text{mm}$ 的普通直柄标准系列立铣刀标记为：

中齿 直柄立铣刀 8 GB/T 6117.1—2010。

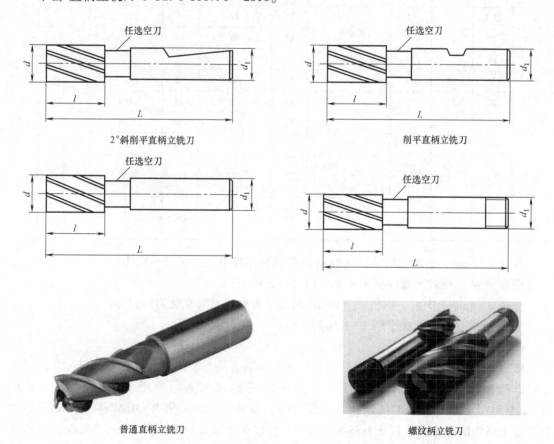

图 3-4　直柄立铣刀（GB/T 6117.1—2010）型式

表 3-63　直柄立铣刀尺寸（摘自 GB/T 6117.1—2010）　　　（单位：mm）

| 直径范围 d > | 直径范围 d ≤ | 推荐直径 d（I组） | 推荐直径 d（II组） | $d_1$ I组 | $d_1$ II组 | 标准系列 $l$ | 标准系列 $L$ I组 | 标准系列 $L$ II组 | 长系列 $l$ | 长系列 $L$ I组 | 长系列 $L$ II组 | 齿数 粗齿 | 齿数 中齿 | 齿数 细齿 |
|---|---|---|---|---|---|---|---|---|---|---|---|---|---|---|
| 1.9 | 2.36 | 2 | — | 4 | 6 | 7 | 39 | 51 | 10 | 42 | 54 | 3 | 4 | — |
| 2.36 | 3 | 2.5 | — | 4 | 6 | 8 | 40 | 52 | 12 | 44 | 56 | | | |
| | | 3 | 3.5 | 4 | 6 | | | | | | | | | |
| 3 | 3.75 | — | — | 4 | 6 | 10 | 42 | 54 | 15 | 47 | 59 | | | |
| 3.75 | 4 | 4 | — | 5 | 6 | 11 | 43 | 55 | 19 | 51 | 63 | | | |
| 4 | 4.75 | — | — | 5 | 6 | | 45 | 55 | | 53 | 63 | | | |
| 4.75 | 5 | 5 | — | 5 | 6 | 13 | 47 | 57 | 24 | 58 | 68 | | | |
| 5 | 6 | 6 | — | 6 | | | 57 | | | 68 | | | | |
| 6 | 7.5 | — | 7 | 8 | 10 | 16 | 60 | 66 | 30 | 74 | 80 | | | |
| 7.5 | 8 | 8 | — | 8 | 10 | 19 | 63 | 69 | 38 | 82 | 88 | | | |
| 8 | 9.5 | — | 9 | 10 | | | 69 | | | 88 | | | | |
| 9.5 | 10 | 10 | — | 10 | | 22 | 72 | | 45 | 95 | | | | 5 |
| 10 | 11.8 | — | 11 | 12 | | | 79 | | | 102 | | | | |
| 11.8 | 15 | 12 | 14 | 12 | | 26 | 83 | | 53 | 110 | | | | |
| 15 | 19 | 16 | 18 | 16 | | 32 | 92 | | 63 | 123 | | | | |
| 19 | 23.6 | 20 | 22 | 20 | | 38 | 104 | | 75 | 141 | | | | 6 |
| 23.6 | 30 | 25 | 28 | 25 | | 45 | 121 | | 90 | 166 | | | | |
| 30 | 37.5 | 32 | 36 | 32 | | 53 | 133 | | 106 | 186 | | | | |
| 37.5 | 47.5 | 40 | 45 | 40 | | 63 | 155 | | 125 | 217 | | 4 | 6 | 8 |
| 47.5 | 60 | 50 | — | 50 | | 75 | 177 | | 150 | 252 | | | | |
| | | — | 56 | 50 | | | | | | | | | | |
| 60 | 67 | 63 | — | 60 | 63 | 90 | 192 | 202 | 180 | 282 | 292 | 6 | 8 | 10 |
| 67 | 75 | — | 71 | 63 | | | 202 | | | 292 | | | | |

直径 $d = 8$mm，中齿，柄径 $d_1 = 8$mm 的螺纹柄标准系列立铣刀标记为：

中齿 直柄立铣刀 8 螺纹柄 GB/T 6117.1—2010。

直径 $d = 8$mm，中齿，柄径 $d_1 = 10$mm 的削平直柄长系列立铣刀标记为：

中齿 直柄立铣刀 8 削平柄 10 长 GB/T 6117.1—2010。

## 6. 键槽铣刀

键槽铣刀（GB/T 1112—2012）包括普通直柄键槽铣刀、削平直柄键槽铣刀、2°斜削平直柄键槽铣刀、螺纹柄键槽铣刀和莫氏锥柄键槽铣刀等。键槽铣刀工作部分采用 W6Mo5Cr4V2 或同等性能的高速钢（代号 HSS）制造，也可采用 W6Mo5Cr4V2Al 或同等性能及以上高性能高速钢（代号 HSS-E）制造。焊接键槽铣刀柄部采用 45 钢或同等性能的其他牌号钢材制造。键槽铣刀工作部分硬度：高速钢（HSS）$d \leqslant 6$mm，不低于 62HRC；$d > 6$mm，不低于 63HRC。高性能高速钢（HSS-E），不低于 64HRC。

键槽铣刀柄部硬度：普通直柄、螺纹柄或锥柄，不低于30HRC；削平直柄和2°斜削平直柄，不低于50HRC。

直柄键槽铣刀如图3-5所示。直柄键槽铣刀按其长度不同分为短系列、标准系列和推荐系列。尺寸由表3-64给出。

标记示例：

直径$d=8$mm，e8偏差的标准系列普通直柄键槽铣刀标记为：直柄键槽铣刀 8e8 GB/T 1112—2012。

直径$d=8$mm，e8偏差的螺纹柄短系列键槽铣刀标记为：螺纹柄键槽铣刀 8e8 短 GB/T 1112—2012。

直径$d=8$mm，e8偏差的螺纹柄推荐系列键槽铣刀标记为：螺纹柄键槽铣刀 8e8 推 GB/T 1112—2012。

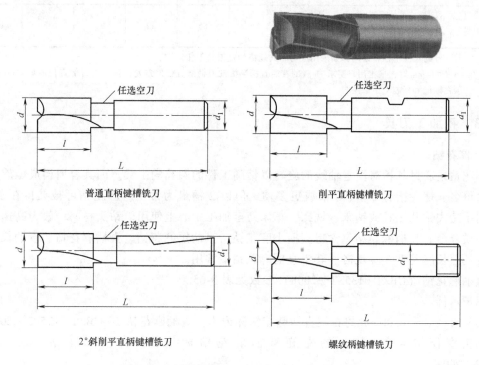

普通直柄键槽铣刀　　　　削平直柄键槽铣刀

2°斜削平直柄键槽铣刀　　　　螺纹柄键槽铣刀

图3-5　直柄键槽铣刀（GB/T 1112—2012）型式

表3-64　直柄键槽铣刀尺寸（摘自 GB/T 1112—2012）　　　　（单位：mm）

| 基本尺寸 | $d$ 极限偏差 e8 | $d$ 极限偏差 d8 | $d_1$ | 推荐系列 $l$ | 推荐系列 $L$ | 短系列 $l$ | 短系列 $L$ | 标准系列 $l$ | 标准系列 $L$ |
|---|---|---|---|---|---|---|---|---|---|
| 2 | −0.014 −0.028 | −0.020 −0.034 | 3* | 4 | 4 | 30 | 4 | 36 | 7 | 39 |
| 3 | −0.014 −0.028 | −0.020 −0.034 | 3* | 4 | 5 | 32 | 5 | 37 | 8 | 40 |
| 4 | −0.020 −0.038 | −0.030 −0.048 | 4 | 7 | 36 | 7 | 39 | 11 | 43 |
| 5 | −0.020 −0.038 | −0.030 −0.048 | 5 | 8 | 40 | 8 | 42 | 13 | 47 |
| 6 | −0.020 −0.038 | −0.030 −0.048 | 6 | 10 | 45 | 8 | 52 | 13 | 57 |

（续）

| 基本尺寸 | 极限偏差 e8 | 极限偏差 d8 | $d_1$ | | 推荐系列 l | 推荐系列 L | 短系列 l | 短系列 L | 标准系列 l | 标准系列 L |
|---|---|---|---|---|---|---|---|---|---|---|
| 7 | -0.025 -0.047 | -0.040 -0.062 | 8 | | 14 | 50 | 10 | 54 | 16 | 60 |
| 8 | | | | | | | 11 | 55 | 19 | 63 |
| 10 | | | 10 | | 18 | 60 | 13 | 63 | 22 | 72 |
| 12 | -0.032 -0.059 | -0.050 -0.077 | 12 | | 22 | 65 | 16 | 73 | 26 | 83 |
| 14 | | | 12 | 14* | 24 | 70 | | | | |
| 16 | | | 16 | | 28 | 75 | 19 | 79 | 32 | 92 |
| 18 | | | 16 | 18* | 32 | 80 | | | | |
| 20 | -0.040 -0.073 | -0.065 -0.098 | 20 | | 36 | 85 | 22 | 88 | 38 | 104 |

注：1. 带 * 号的尺寸不推荐采用，如采用应与相同规格的键槽铣刀相区别。

2. 当 $d \leqslant 14$mm 时，根据用户要求 e8 级的普通直柄键槽铣刀柄部直径偏差允许按圆周刃部直径的偏差制造，并须在标记和标志上予以注明。

### 3.6.3 孔加工刀具

#### 1. 麻花钻

麻花钻是通过其相对固定轴线的旋转以钻削工件的圆孔的工具。因其容屑槽成螺旋状似麻花而得名。螺旋槽有 2 槽、3 槽或更多槽，但以 2 槽最为常见。麻花钻可被夹持在手动、电动的手持式钻孔工具或钻床、铣床、车床乃至加工中心上使用。钻头材料一般为高速工具钢或硬质合金。直柄麻花钻包含粗直柄小麻花钻、直柄短麻花钻、直柄麻花钻、直柄长麻花钻、直柄超长麻花钻 5 种规格。其中直柄麻花钻最常用。

直柄麻花钻（GB/T 6135.2—2008）参数见表 3-65。

标记示例：

钻头直径 $d = 10.00$mm 的右旋直柄麻花钻标记为：直柄麻花钻 10 GB/T 6135.2—2008。

钻头直径 $d = 10.00$mm 的左旋直柄麻花钻标记为：直柄麻花钻 10-L GB/T 6135.2—2008。

精密级的直柄麻花钻应在直径前加 "H"，如：H-10、H-15。

表 3-65　直柄麻花钻参数（摘自 GB/T 6135.2—2008）　　（单位：mm）

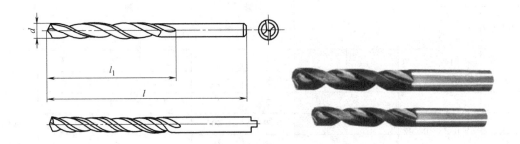

（续）

| $d$h8 | $l$ | $l_1$ | $d$h8 | $l$ | $l_1$ |
|---|---|---|---|---|---|
| 0.20 | 19 | 2.5 | 7.00 | 109 | 69 |
| 0.50 | 22 | 6 | 8.00 | 117 | 75 |
| 0.60 | 24 | 7 | 9.00 | 125 | 81 |
| 0.70 | 28 | 9 | 10.00 | 133 | 87 |
| 0.80 | 30 | 10 | 11.00 | 142 | 94 |
| 0.90 | 32 | 11 | 12.00 | 151 | 101 |
| 1.00 | 34 | 12 | 13.00 | 151 | 101 |
| 1.50 | 40 | 18 | 14.00 | 160 | 108 |
| 2.00 | 49 | 24 | 15.00 | 169 | 114 |
| 3.00 | 61 | 33 | 16.00 | 178 | 120 |
| 4.00 | 75 | 43 | 17.00 | 184 | 125 |
| 5.00 | 86 | 52 | 18.00 | 191 | 130 |
| 6.00 | 93 | 57 | 18.50 | 198 | 135 |

### 2. 扩孔钻

扩孔钻长度公差在一个直径范围分段内，总长 $l$ 和切削刃长 $l_1$ 允许变化的最小和最大极限值，等于相邻上下两个直径范围分段规定的长度。示例：直径为15mm的直柄扩孔钻，切削刃长 $l_1$ 的公称值为114mm，可在108mm和120mm之间变化；总长 $l$ 的公称值为169 mm，可在160 mm和178 mm之间变化。扩孔钻直径公差为h8，在靠近钻尖处测量。

直柄扩孔钻（GB/T 4256—2004）参数见表3-66。

表3-66 直柄扩孔钻以直径范围分段的尺寸参数（摘自 GB/T 4256—2004）

（单位：mm）

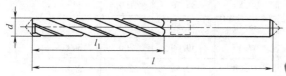

| 直径范围 $d$ | | 相应长度 | | 直径范围 $d$ | | 相应长度 | |
|---|---|---|---|---|---|---|---|
| 大于 | 至 | $l_1$ | $l$ | 大于 | 至 | $l_1$ | $l$ |
| — | 3.00 | 33 | 61 | 9.50 | 10.60 | 87 | 133 |
| 3.00 | 3.35 | 36 | 65 | 10.60 | 11.80 | 94 | 142 |
| 3.35 | 3.75 | 39 | 70 | 11.80 | 13.20 | 101 | 151 |
| 3.75 | 4.25 | 43 | 75 | 13.20 | 14.00 | 108 | 160 |
| 4.25 | 4.75 | 47 | 80 | 14.00 | 15.00 | 114 | 169 |
| 4.75 | 5.30 | 52 | 85 | 15.00 | 16.00 | 120 | 178 |
| 5.30 | 6.00 | 57 | 93 | 16.00 | 17.00 | 125 | 184 |
| 6.00 | 6.70 | 63 | 101 | 17.00 | 18.00 | 130 | 191 |
| 6.70 | 7.50 | 69 | 109 | 18.00 | 19.00 | 135 | 198 |
| 7.50 | 8.50 | 75 | 117 | 19.00 | 20.00 | 140 | 205 |
| 8.50 | 9.50 | 81 | 125 | | | | |

锥柄扩孔钻（GB/T 4256—2004）参数见表 3-67。莫氏锥柄的尺寸和偏差按 GB/T 1443—2016《机床和工具柄用自夹圆锥》的规定。

**表 3-67　锥柄扩孔钻以直径范围分段的尺寸参数（摘自 GB/T 4256—2004）**

（单位：mm）

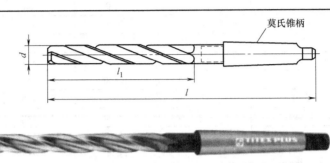

| 直径范围 d | | 相应长度 | | | 直径范围 d | | 相应长度 | | |
|---|---|---|---|---|---|---|---|---|---|
| 大于 | 至 | $l_1$ | $l$ | 莫氏锥柄号 | 大于 | 至 | $l_1$ | $l$ | 莫氏锥柄号 |
| 7.50 | 8.50 | 75 | 156 | 1 | 23.02 | 23.60 | 155 | 276 | 3 |
| 8.50 | 9.50 | 81 | 162 | | 23.60 | 25.00 | 160 | 281 | |
| 9.50 | 10.60 | 87 | 168 | | 25.00 | 26.50 | 165 | 286 | |
| 10.60 | 11.80 | 94 | 175 | | 26.50 | 28.00 | 170 | 291 | |
| 11.80 | 13.20 | 101 | 182 | | 28.00 | 30.00 | 175 | 296 | |
| 13.20 | 14.00 | 108 | 189 | | 30.00 | 31.50 | 180 | 301 | |
| 14.00 | 15.00 | 114 | 212 | 2 | 31.50 | 31.75 | 185 | 306 | |
| 15.00 | 16.00 | 120 | 218 | | 31.75 | 33.50 | 185 | 334 | 4 |
| 16.00 | 17.00 | 125 | 223 | | 33.50 | 35.50 | 190 | 339 | |
| 17.00 | 18.00 | 130 | 228 | | 35.50 | 37.50 | 195 | 344 | |
| 18.00 | 19.00 | 135 | 233 | | 37.50 | 40.00 | 200 | 349 | |
| 19.00 | 20.00 | 140 | 238 | | 40.00 | 42.50 | 205 | 354 | |
| 20.00 | 21.20 | 145 | 243 | | 42.50 | 45.00 | 210 | 359 | |
| 21.20 | 22.40 | 150 | 248 | | 45.00 | 47.50 | 215 | 364 | |
| 22.40 | 23.02 | 155 | 253 | | 47.50 | 50.00 | 220 | 369 | |

预加工用扩孔钻推荐下列加工余量，扩孔钻直径按表 3-68 所示计算。

**表 3-68　扩孔钻直径（摘自 GB/T 4256—2004）**

（单位：mm）

| 直径 d | | 加工余量 |
|---|---|---|
| 大于 | 至 | |
| — | 10 | 0.20 |
| 10 | 18 | 0.25 |
| 18 | 30 | 0.30 |
| 30 | 50 | 0.40 |

### 3. 锪钻

即埋头钻。一种用以锪锥形埋头孔的钻，也有人称之为埋头钻。锪钻分柱形锪钻、锥形锪钻、端面锪钻三种，如图3-6所示。

1）柱形锪钻用于锪圆柱形埋头孔。柱形锪钻起主要切削作用的是端面刀刃，螺旋槽的斜角就是它的前角。锪钻前端有导柱，导柱直径与工件已有孔为紧密的间隙配合，以保证良好的定心和导向。这种导柱是可拆的，也可以把导柱和锪钻做成一体。

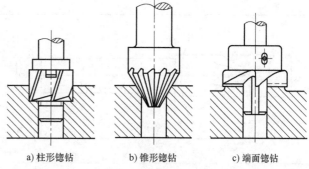

a) 柱形锪钻　　b) 锥形锪钻　　c) 端面锪钻

图 3-6　锪钻类型

2）锥形锪钻用于锪锥形孔。锥形锪钻的锥角按工件锥形埋头孔的要求不同，分60°、75°、90°、120°四种。其中90°的用得最多。

3）端面锪钻专门用来锪平孔口端面。端面锪钻可以保证孔的端面与孔中心线的垂直度。当已加工的孔径较小时，为了使刀杆保持一定强度，可将刀杆头部的一段直径与已加工孔配为间隙配合，以保证良好的导向作用。

锪钻是标准工具，由专业厂生产，可根据锪孔的种类选用，也可以用麻花钻改磨成锪钻。60°、90°、120°莫氏锥柄锥面锪钻（GB/T 1143—2004）直径系列见表3-69。

表 3-69　60°、90°、120°莫氏锥柄锥面锪钻直径系列（摘自 GB/T 1143—2004）

（单位：mm）

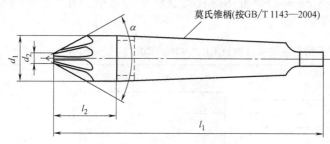

| 公称尺寸 $d_1$ | 小端直径 $d_2$ | 总长 $l_1$ | | 钻体长 $l_2$ | | 莫氏锥柄号 |
| --- | --- | --- | --- | --- | --- | --- |
| | | $\alpha = 60°$ | $\alpha = 90°$ 或 $120°$ | $\alpha = 60°$ | $\alpha = 90°$ 或 $120°$ | |
| 16 | 3.2 | 97 | 93 | 24 | 20 | 1 |
| 20 | 4 | 120 | 116 | 28 | 24 | 2 |
| 25 | 7 | 125 | 121 | 33 | 29 | 2 |
| 31.5 | 9 | 132 | 124 | 40 | 32 | 2 |
| 40 | 12.5 | 160 | 150 | 45 | 35 | 3 |
| 50 | 16 | 165 | 153 | 50 | 38 | 3 |
| 63 | 20 | 200 | 185 | 58 | 43 | 4 |
| 80 | 25 | 215 | 196 | 73 | 54 | 4 |

60°、90°、120°直柄锥面锪钻（GB/T 4258—2004）直径系列见表3-70。

**表3-70 60°、90°、120°直柄锥面锪钻直径系列**（摘自 GB/T 4258—2004）

（单位：mm）

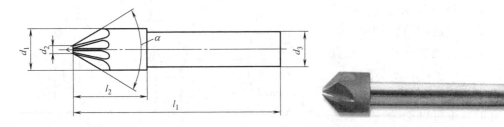

| 公称尺寸 $d_1$ | 小端直径 $d_2$ | 总长 $l_1$ | | 钻体长 $l_2$ | | 柄部直径 $d_3$(h9) |
|---|---|---|---|---|---|---|
| | | $\alpha = 60°$ | $\alpha = 90°$ 或 120° | $\alpha = 60°$ | $\alpha = 90°$ 或 120° | |
| 8 | 1.6 | 48 | 44 | 16 | 12 | 8 |
| 10 | 2 | 50 | 46 | 18 | 14 | 8 |
| 12.5 | 2.5 | 52 | 48 | 20 | 16 | 8 |
| 16 | 3.2 | 60 | 56 | 24 | 20 | 10 |
| 20 | 4 | 64 | 60 | 28 | 24 | 10 |
| 25 | 7 | 69 | 65 | 33 | 29 | 10 |

带导柱直柄平底锪钻（GB/T 4260—2004）直径系列见表3-71。

标记示例：

直径 $d_1 = 10$mm，导柱直径 $d_2 = 5.5$mm 的带整体导柱的直柄平底锪钻：直柄平底锪钻 10×5.5 GB/T 4260—2004。

**表3-71 带导柱直柄平底锪钻**（摘自 GB/T 4260—2004）　　（单位：mm）

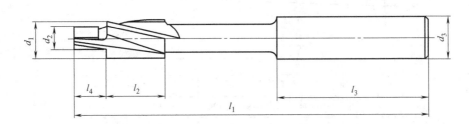

| 切削直径 $d_1$(z9) | 导柱直径 $d_2$(c8) | 柄部直径 $d_3$(h9) | 总长 $l_1$ | 刃长 $l_2$ | 柄长 $l_3 \approx$ | 导柱长 $l_4$ |
|---|---|---|---|---|---|---|
| $2 \leqslant d_1 \leqslant 3.15$ | 按引导孔直径配套要求规定（最小直径为：$d_2 = 1/3 d_1$） | $= d_1$ | 45 | 7 | — | $\approx d_2$ |
| $3.15 < d_1 \leqslant 5$ | | | 56 | 10 | | |
| $5 < d_1 \leqslant 8$ | | | 71 | 14 | 31.5 | |
| $8 < d_1 \leqslant 10$ | | | 80 | 18 | 35.5 | |
| $10 < d_1 \leqslant 12.5$ | | 10 | | | | |
| $12.5 < d_1 \leqslant 20$ | | 12.5 | 100 | 22 | 40 | |

**4. 中心钻**

中心钻是用于加工轴类等零件端面上中心孔的。中心钻切削轻快、排屑好。中心钻有二种型式：A型：不带护锥的中心钻；B型：带护锥的中心钻，加工直径 $d = 1 \sim 10$mm 的中心孔时，通常采用不带护锥的中心钻（A型）；工序较长、精度要求较高的工件，为了避免60°定心锥被损坏，一般采用带护锥的中心钻（B型）。

A型中心钻（GB/T 6078—2016）直径系列见表3-72。

B型中心钻（GB/T 6078—2016）直径系列见表3-73。

标记示例：公称直径4mm，柄部直径10mm直槽右切A型中心钻标记为：

中心钻 A4/10  GB/T 6078—2016。

公称直径6.3mm，柄部直径16mm螺旋槽右切A型中心钻标记为：

螺旋槽中心钻 A6.3/16  GB/T 6078—2016。

公称直径6.3mm，柄部直径20mm斜槽左切B型中心钻标记为：

斜槽中心钻 B6.3/20-L  GB/T 6078—2016。

**表 3-72  A型中心钻直径系列**（摘自 GB/T 6078—2016）　　　　　　（单位：mm）

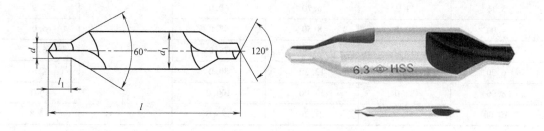

| $d$(k12) | $d_1$(h9) | $l$（基本尺寸） | $l$（极限偏差） | $l_1$ |
|---|---|---|---|---|
| (0.50) | | | | 0.8 |
| (0.63) | | | | 0.9 |
| (0.80) | 3.15 | 31.5 | ±2 | 1.1 |
| 1.00 | | | | 1.3 |
| (1.25) | | | | 1.6 |
| 1.60 | 4.00 | 35.5 | | 2.0 |
| 2.00 | 5.00 | 40.0 | | 2.5 |
| 2.50 | 6.30 | 45.0 | ±2 | 3.1 |
| 3.15 | 8.00 | 50.0 | | 3.9 |
| 4.00 | 10.00 | 56.0 | | 5.0 |
| (5.00) | 12.5 | 63.0 | | 6.3 |
| 6.30 | 16.0 | 71.0 | | 8.0 |
| (8.00) | 20.0 | 80.0 | ±3 | 10.1 |
| 10.00 | 25.0 | 100.0 | | 12.8 |

注：括号内尺寸尽量不采用。

表 3-73　B 型中心钻直径系列（摘自 GB/T 6078—2016）　　　　（单位：mm）

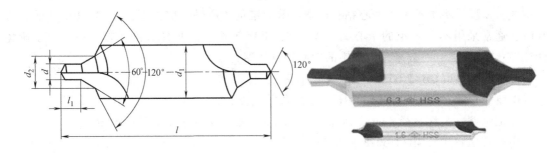

| d(k12) | d₁(h9) | d₂(k12) | l(基本尺寸) | l(极限偏差) | l₁ |
|--------|--------|---------|-----------|-----------|------|
| 1.00 | 4.00 | 2.12 | 35.5 | | 1.3 |
| (1.25) | 5.00 | 2.65 | 40.0 | | 1.6 |
| 1.60 | 6.30 | 3.35 | 45.0 | ±2 | 2.0 |
| 2.00 | 8.00 | 4.25 | 50.0 | | 2.5 |
| 2.50 | 10.00 | 5.30 | 56.0 | | 3.1 |
| 3.15 | 11.2 | 6.70 | 60.0 | | 3.9 |
| 4.00 | 12.5 | 8.50 | 67.0 | | 5.0 |
| (5.00) | 16.0 | 10.60 | 75.0 | ±3 | 6.3 |
| 6.30 | 20.0 | 13.20 | 80.0 | | 8.0 |
| (8.00) | 25.0 | 17.00 | 100.0 | | 10.1 |
| 10.00 | 31.5 | 21.20 | 125.0 | | 12.8 |

注：括号内尺寸尽量不采用。

### 5. 铰刀

铰刀是具有一个或者多个刀齿，用以切除孔已加工表面薄金属层的旋转刀具。经过铰刀加工后的孔可以获得精确的尺寸和形状。

铰刀用于铰削工件上已钻削（或扩孔）加工后的孔，主要是为了提高孔的加工精度，降低其表面粗糙度，是用于孔的精加工和半精加工的刀具，加工余量一般很小。

用来加工圆柱形孔的铰刀比较常用。用来加工锥形孔的铰刀是锥形铰刀，比较少用。按使用情况来看有手用铰刀和机用铰刀，机用铰刀又可分为直柄铰刀和锥柄铰刀。手用的则是直柄铰刀。

较常用的标准有手用铰刀（GB/T 1131—2004）、直柄和莫氏锥柄机用铰刀（GB/T 1132—2017）、莫氏圆锥和米制圆锥铰刀（GB/T 1139—2017）等。

手用铰刀一般材质为合金工具钢（9SiCr），机用铰刀材料为高速钢（HSS）。

铰刀精度有 D4、H7、H8、H9 等精度等级。

米制系列手用铰刀的推荐直径和相应尺寸（GB/T 1131.1—2004）见表 3-74。

标记示例：

直径 $d = 10$mm，公差为 m6 的手用铰刀为：手用铰刀 10 GB/T 1131.1—2004。

直径 $d = 10$mm，加工 H8 级精度孔的手用铰刀为：手用铰刀 10 H8 GB/T 1131.1—2004。

表 3-74 米制系列手用铰刀的推荐直径和相应尺寸（摘自 GB/T 1131.1—2004）

（单位：mm）

| $d$ | $l_1$ | $l$ | $a$ | $l_4$ | $d$ | $l_1$ | $l$ | $a$ | $l_4$ |
|---|---|---|---|---|---|---|---|---|---|
| (1.5) | 20 | 41 | 1.12 | 4 | 22 | 107 | 215 | 18.00 | 22 |
| 1.6 | 21 | 44 | 1.25 | | (23) | | | | |
| 1.8 | 23 | 47 | 1.40 | | (24) | 115 | 231 | 20.00 | 24 |
| 2.0 | 25 | 50 | 1.60 | | 25 | | | | |
| 2.2 | 27 | 54 | 1.80 | | (26) | | | | |
| 2.5 | 29 | 58 | 2.00 | | (27) | | | | |
| 2.8 | 31 | 62 | 2.24 | 5 | 28 | 124 | 247 | 22.40 | 26 |
| 3.0 | | | | | (30) | | | | |
| 3.5 | 35 | 71 | 2.80 | | 32 | 133 | 265 | 25.00 | 28 |
| 4.0 | 38 | 76 | 3.15 | 6 | (34) | 142 | 284 | 28.00 | 31 |
| 4.5 | 41 | 81 | 3.55 | | (35) | | | | |
| 5.0 | 44 | 87 | 4.00 | | 36 | | | | |
| 5.5 | 47 | 93 | 4.50 | 7 | (38) | 152 | 305 | 31.5 | 34 |
| 6.0 | | | | | 40 | | | | |
| 7.0 | 54 | 107 | 5.60 | 8 | (42) | | | | |
| 8.0 | 58 | 115 | 6.30 | 9 | (44) | 163 | 326 | 35.50 | 38 |
| 9.0 | 62 | 124 | 7.10 | 10 | 45 | | | | |
| 10.0 | 66 | 133 | 8.00 | 11 | (46) | | | | |
| 11.0 | 71 | 142 | 9.00 | 12 | (48) | 174 | 347 | 40.00 | 42 |
| 12.0 | 76 | 152 | 10.00 | 13 | 50 | | | | |
| (13.0) | | | | | (52) | | | | |
| 14.0 | 81 | 163 | 11.20 | 14 | (55) | 184 | 367 | 45.00 | 46 |
| (15.0) | | | | | 56 | | | | |
| 16.0 | 87 | 175 | 12.50 | 16 | (58) | | | | |
| (17.0) | | | | | (60) | | | | |
| 18.0 | 93 | 188 | 14.00 | 18 | (62) | 194 | 387 | 50.00 | 51 |
| (19.0) | | | | | 63 | | | | |
| 20.0 | 100 | 201 | 16.00 | 20 | 67 | 203 | 406 | 56.00 | 56 |
| (21.0) | | | | | 71 | | | | |

注：括号内尺寸尽量不采用。

直柄机用铰刀（GB/T 1132—2017）优先采用的尺寸见表3-75。

直柄机用铰刀标注：

直径 $d=10\text{mm}$，公差为 m6 的直柄机用铰刀为：直柄机用铰刀 10 GB/T 1132—2017。

直径 $d=10\text{mm}$，加工 H8 级精度孔的直柄机用铰刀为：

直柄机用铰刀 10 H8 GB/T 1132—2017。

**表 3-75　直柄机用铰刀优先采用的尺寸**（摘自 GB/T 1132—2017）　（单位：mm）

直径 $d \leqslant 3.75$

直径 $d > 3.75$

| $d_1$(m6) | $d_2$(h9) | $l_1$ | $l_2$ | $l_3$ | $d_1$(m6) | $d_2$(h9) | $l_1$ | $l_2$ | $l_3$ |
|---|---|---|---|---|---|---|---|---|---|
| 1.4 | 1.4 | 40 | 8 | | 6 | 5.6 | 93 | 26 | 36 |
| (1.5) | 1.5 | | | | 7 | 7.1 | 109 | 31 | 40 |
| 1.6 | 1.6 | 43 | 9 | | 8 | 8.0 | 117 | 33 | 42 |
| 1.8 | 1.8 | 46 | 10 | | 9 | 9.0 | 125 | 36 | 44 |
| 2.0 | 2.0 | 49 | 11 | | 10 | | 133 | 38 | |
| 2.2 | 2.2 | 53 | 12 | — | 11 | 10.0 | 142 | 41 | 46 |
| 2.5 | 2.5 | 57 | 14 | | 12 | | 151 | 44 | |
| 2.8 | 2.8 | 61 | 15 | | (13) | | | | |
| 3.0 | 3.0 | | | | 14 | | 160 | 47 | 50 |
| 3.2 | 3.2 | 65 | 16 | | (15) | 12.5 | 162 | 50 | |
| 3.5 | 3.5 | 70 | 18 | | 16 | | 170 | 52 | |
| 4.0 | 4.0 | 75 | 19 | 32 | (17) | 14.0 | 175 | 54 | 52 |
| 4.5 | 4.5 | 80 | 21 | 33 | 18 | | 182 | 56 | |
| 5.0 | 5.0 | 86 | 23 | 34 | (19) | 16.0 | 189 | 58 | 58 |
| 5.5 | 5.6 | 93 | 26 | 36 | 20 | | 195 | 60 | |

注：括号内尺寸尽量不采用。

莫氏锥柄机用铰刀（GB/T 1132—2017）优先采用的尺寸如表3-76所示。

莫氏锥柄机用铰刀标注：

直径 $d$ = 10mm，公差为 m6 的莫氏锥柄机用铰刀为：

莫氏锥柄机用铰刀 10 GB/T 1132—2017。

直径 $d$ = 10mm，加工 H8 级精度孔的莫氏锥柄机用铰刀为：

莫氏锥柄机用铰刀 10 H8 GB/T 1132—2017。

表3-76　莫氏锥柄机用铰刀优先采用的尺寸（摘自 GB/T 1132—2017）　　（单位：mm）

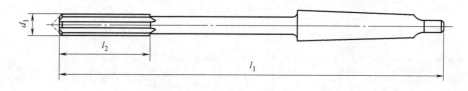

| $d_1$ (m6) | $l_1$ | $l_2$ | 莫氏锥柄号 | $d_1$ (m6) | $l_1$ | $l_2$ | 莫氏锥柄号 |
|---|---|---|---|---|---|---|---|
| 5.5 | 138 | 26 | | (24) | 268 | 68 | |
| 6 | 138 | 26 | | 25 | 268 | 68 | |
| 7 | 150 | 31 | | (26) | 273 | 70 | 3 |
| 8 | 156 | 33 | | 28 | 277 | 71 | |
| 9 | 162 | 36 | | (30) | 281 | 73 | |
| 10 | 168 | 38 | 1 | 32 | 317 | 77 | |
| 11 | 176 | 41 | | (34) | 321 | 78 | |
| 12 | 182 | 44 | | (35) | 321 | 78 | |
| (13) | 182 | 44 | | 36 | 325 | 79 | |
| 14 | 189 | 47 | | (38) | 329 | 81 | |
| 15 | 204 | 50 | | 40 | 329 | 81 | 4 |
| 16 | 210 | 52 | | (42) | 333 | 82 | |
| (17) | 214 | 54 | | (44) | 336 | 83 | |
| 18 | 219 | 56 | 2 | (45) | 336 | 83 | |
| (19) | 223 | 58 | | (46) | 340 | 84 | |
| 20 | 228 | 60 | | (48) | 344 | 86 | |
| 22 | 237 | 64 | | 50 | 344 | 86 | |

注：括号内尺寸尽量不采用。

直柄莫氏圆锥和米制圆锥铰刀（GB/T 1139—2017）型式和尺寸见表3-77。

标记示例：

直柄4号米制圆锥铰刀为：直柄圆锥铰刀 米制 4 GB/T 1139—2017。

直柄3号莫氏圆锥铰刀为：直柄圆锥铰刀 莫氏 3 GB/T 1139—2017。

表 3-77　直柄莫氏圆锥和米制圆锥铰刀的型式和尺寸（摘自 GB/T 1139—2017）

（单位：mm）

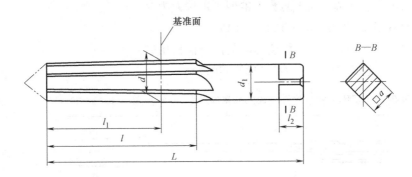

| 圆锥 | | $d$ | $L$ | $l$ | $l_1$ | $d_1$(h9) | 方头 | |
|---|---|---|---|---|---|---|---|---|
| 代号 | 锥度比 | | | | | | $a$ | $l_2$ |
| 米制 4 | 1：20=0.05 | 4.000 | 48 | 30 | 22 | 4.0 | 3.15 | 6 |
| 米制 6 | 1：20=0.05 | 6.000 | 63 | 40 | 30 | 5.0 | 4.00 | 7 |
| 莫氏 0 | 1：19.212=0.05205 | 9.045 | 93 | 61 | 48 | 8.0 | 6.30 | 9 |
| 莫氏 1 | 1：20.047=0.04988 | 12.065 | 102 | 66 | 50 | 10.0 | 8.00 | 11 |
| 莫氏 2 | 1：20.020=0.04995 | 17.780 | 121 | 79 | 61 | 14.0 | 11.20 | 14 |
| 莫氏 3 | 1：19.922=0.05020 | 23.825 | 146 | 96 | 76 | 20.0 | 16.00 | 20 |
| 莫氏 4 | 1：19.254=0.05194 | 31.267 | 179 | 119 | 97 | 25.0 | 20.00 | 24 |
| 莫氏 5 | 1：19.002=0.05263 | 44.399 | 222 | 150 | 124 | 31.5 | 25.00 | 28 |
| 莫氏 6 | 1：19.180=0.05214 | 63.348 | 300 | 208 | 176 | 45.0 | 35.50 | 38 |

莫氏锥柄莫氏圆锥和米制圆锥铰刀（GB/T 1139—2017）型式和尺寸见表 3-78。

标记示例：

莫氏锥柄 4 号米制圆锥铰刀为：莫氏锥柄圆锥铰刀 米制 4 GB/T 1139—2017。

莫氏锥柄 3 号莫氏圆锥铰刀为：莫氏锥柄圆锥铰刀 莫氏 3 GB/T 1139—2017。

表 3-78　莫氏锥柄莫氏圆锥和米制圆锥铰刀的型式和尺寸（摘自 GB/T 1139—2017）

（单位：mm）

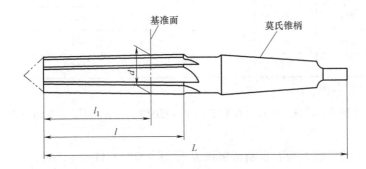

（续）

| 圆锥 | | | $d$ | $L$ | $l$ | $l_1$ | 莫氏锥柄号 |
|---|---|---|---|---|---|---|---|
| 代号 | | 锥度比 | | | | | |
| 米制 | 4 | 1:20 = 0.05 | 4.000 | 106 | 30 | 22 | 1 |
| | 6 | | 6.000 | 116 | 40 | 30 | |
| 莫氏 | 0 | 1:19.212 = 0.05205 | 9.045 | 137 | 61 | 48 | |
| | 1 | 1:20.047 = 0.04988 | 12.065 | 142 | 66 | 50 | |
| | 2 | 1:20.020 = 0.04995 | 17.780 | 173 | 79 | 61 | 2 |
| | 3 | 1:19.922 = 0.05020 | 23.825 | 212 | 96 | 76 | 3 |
| | 4 | 1:19.254 = 0.05194 | 31.267 | 263 | 119 | 97 | 4 |
| | 5 | 1:19.002 = 0.05263 | 44.399 | 331 | 150 | 124 | 5 |
| | 6 | 1:19.180 = 0.05214 | 63.348 | 389 | 208 | 176 | |

## 3.7 量具选用

量具的种类如下。

**1. 实物类量具**

标准直接与实物去比较，此类量具叫实物类量具。

1）量块：对长度测量仪器、卡尺等量具进行检定和调整。

2）塞规（试针）：测量孔内径和孔深度。

3）塞尺（厚薄规）：测量产品的变形和段差。

4）R规：主要用来测量圆弧半径。

5）螺纹规：主要用来测量螺纹孔的通和止。

该类量具如图 3-7 所示。

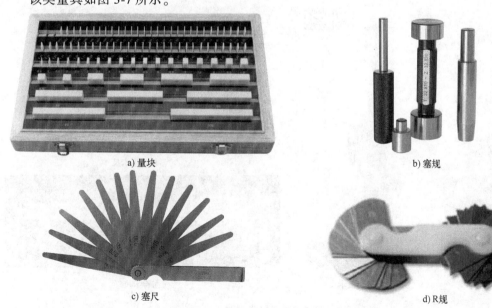

a) 量块

b) 塞规

c) 塞尺

d) R规

图 3-7 实物类量具

e) 螺纹塞规　　　　　　　　　　　　　　　f) 螺纹环规

图 3-7　实物类量具（续）

**2. 卡尺类量具**

1）游标卡尺，是一种测量长度、内外径、深度的量具。游标卡尺主要由主尺和游标尺组成，并分别有内测量爪和外测量爪，内测量爪通常用来测量内径，外测量爪通常用来测量长度和外径。主要有：①游标深度卡尺，测量工件的深度尺寸。如阶梯的长度、槽深、不通孔的深度。②游标高度卡尺，测量工件的高度尺寸、相对位置。③二用游标卡尺，测量工件的内外径尺寸。④三用游标卡尺，测量工件的内径、外径、深度尺寸。

2）带表卡尺，也叫附表卡尺。它是运用齿条传动齿轮带动指针显示数值，主尺上有大致的刻度，结合指示表读数，是游标卡尺的一种，但比普通游标卡尺读数更为快捷准确。

3）数显卡尺，是利用电子数字显示原理，对两测量爪相对移动分隔的距离进行读数的一种长度测量工具。数显卡尺采用 LCD 数字显示并可进行公英制转换，在任意位置置零，还具有输出功能。

4）游标高度卡尺，测量长度、宽度、两柱及两孔之间中心距、台阶、柱高、槽深、平面度等，分度值为 0.01mm。有：①带表高度卡尺。②数显高度卡尺。

该类量具如图 3-8 所示。

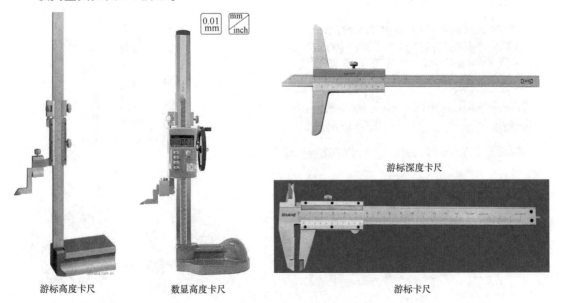

游标高度卡尺　　　　　　数显高度卡尺　　　　　　　　　游标卡尺

图 3-8　卡尺类量具

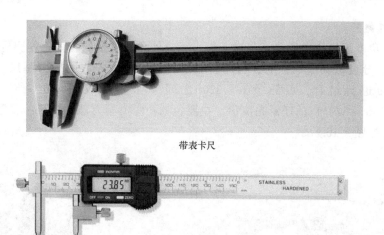

带表卡尺

数显卡尺

图 3-8 卡尺类量具 (续)

### 3. 千分尺类量具

千分尺类量具也叫螺旋测微仪，主要用于测量柱外径及精确度比较高的尺寸，允许误差值±0.01mm。专用于检定试针、杠杆百分表等。主要包括：外径千分尺、内径千分尺、电子千分尺、杠杆千分尺，杠杠千分尺测量范围一般为 0 ~ 25mm、25 ~ 50mm、50 ~ 75mm、75 ~ 100mm。其主要由外径千分尺的微分头部分和杠杆测微机构组成。杠杆千分尺用途一般与外径千分尺相同，但是测量精度较高，如应用量块作比较测量，还可进一步提高测量精度。

该类量具如图 3-9 所示。

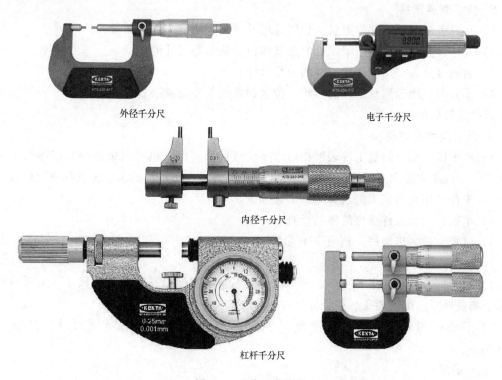

外径千分尺

电子千分尺

内径千分尺

杠杆千分尺

图 3-9 千分尺类量具

**4. 角度类量具**

游标万能角度尺简称角度尺。是对工件进行内外角度测量的一种角度测量工具，测量范围为 0~320°，分度值为 2′、5′等，利用游标原理进行读数，它主要由基尺、主尺、直尺、角尺各工作面进行组合，可测量 0~320° 之间 4 个角度段内（0°~50°、50°~140°、140°~230°、230°~320°）的任意角度值。主要包括：①游标万能角度尺；②数显角度尺等。

该类量具如图 3-10 所示。

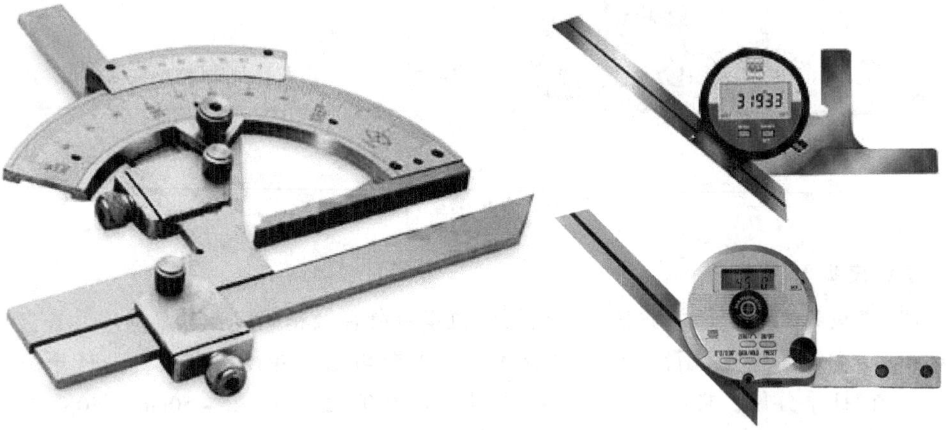

a) 游标万能角度尺                                          b) 数显角度尺

图 3-10　角度尺

**5. 指示表类量具**

1）百分表，测量工件的形状、位置等尺寸或某些测量装置的测量元件。

2）杠杆百分表，主要用于工件的形状和位置误差等尺寸测量。

3）内径百分表，用于测量工件的内径尺寸。

4）千分表，用于测量工件的形状、位置误差或某些测量装置的指示部位。

该类量具如图 3-11 所示。

**6. 几何误差类量具**

1）水平仪，用来测量工件表面相对水平位置的倾斜度，也可测量各种机床导轨平面度的误差、平行度误差和直线度误差，还可在安装设备时校正设备的水平位置和垂直位置等。

2）平台，用来测量工件及其变形的辅助量具。

3）平板，测量工件变形的辅助量具。

4）方箱，做为机架用，相当于 V 形块。

**7. 综合类量具**

1）投影仪，用于测量易变形、薄形工件。不易用其他量具测量到的尺寸，可通过透射的原理测量外形角度、通孔、柱径等尺寸。

2）三坐标测量仪，可用于测量其他量具测到及测不到的所有尺寸，其精度可达 0.5μm。

**8. 可靠度类**

1）擦拭机，用于测试丝印工件的耐磨力。

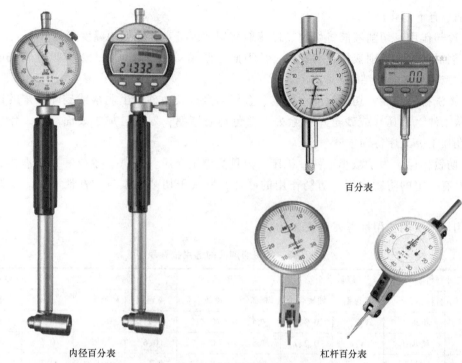

内径百分表　　　　　　　　百分表　　　杠杆百分表

图 3-11　指示表类量具

2）振动仪，用于测试包装产品是否符合客户的要求。

**9. 其他**

1）色差仪，用于比较产品的颜色差值。

2）电动螺纹旋具，俗称电批，可测量螺钉或螺栓安装时的扭矩。

3）拉力计，用来测量对产品所用的拉力或推力的仪器。

## 3.8　切削液选用

机械加工时一般要使用切削液，常用切削液见表 3-79。

表 3-79　常用切削液

| 类别 | 成分 | 代号 | 使用说明 |
|---|---|---|---|
| 水溶液 | 润滑性不强水溶液 | 1 | 常用于干磨削。当水硬度高时，可多加一些碳酸钠 |
| | 滑性较好水溶液 | 2 | 2%左右浓度；有一定润滑性，用于车、钻、铣、磨，适用于高速磨削 |
| 乳化液 | 普通乳化液 | 3 | 又称乳-1 防锈乳化油 |
| | 极压乳化液 | 4 | 较高的润滑性能，用于攻螺纹及一些难加工材料切削 |
| 切削油 | 普通矿物油 | 5 | 清洗性好 |
| | 煤油 | 6 | 易获取 |
| | 含硫、含氯的极压切削油或动植物油与矿物油的复合油 | 7 | 比例按需要配制 |
| | 含硫氯、氯磷或硫氯磷的极压切削油 | 8 | 加工后需进行清洗防锈，用于不锈钢、合金钢螺纹加工，可得到较好的效果 |

切削液有下列作用：

1）冷却作用，切削液能将切削热迅速地从切削区带走，使切削温度降低。

2）润滑作用，切削液能在刀具前、后刀面上形成一层润滑薄膜，以减少金属表面的直接接触，减轻摩擦及粘结现象。

3）清洗排屑作用，切削液能将切屑、金属粉尘以及由砂轮上脱落或破碎下来的砂粒等及时地从工件、刀具（或砂轮）上除去，以免切屑堵塞，划伤已加工表面。这一作用对磨削、深孔加工等工序特别重要。

4）防锈作用，为了减小工件、机床、刀具受周围介质（空气、水分等）的腐蚀，要求切削液具有一定的防锈作用。防锈作用的好坏，取决于切削液本身的性能和加入的防锈添加剂。

常用切削液的选用推荐表见表 3-80。

表 3-80　常用切削液的选用推荐表

| 工件材料 | | | 碳钢、合金钢 | | 不锈钢 | | 铸铁 | | 铝及共合金 | |
|---|---|---|---|---|---|---|---|---|---|---|
| 刀具材料 | | | 高速钢 | 硬质合金 | 高速钢 | 硬质合金 | 高速钢 | 硬质合金 | 高速钢 | 硬质合金 |
| 加工方法 | 车 | 粗加工 | 3、1、7 | 0、3、1 | 7、4、2 | 0、4、2 | 0、3、1 | 0、3、1 | 0、3 | 0、3 |
| | | 精加工 | 4、7 | 0、2、7 | 7、4、2 | 0、4、2 | 0、6 | 0、6 | 0、6 | 0、6 |
| | 铣 | 端铣 | 4、2、7 | 0、3 | 7、4、2 | 0、4、2 | 0、3、1 | 0、3、1 | 0、3 | 0、3 |
| | | 铣槽 | 4、2、7 | 7、4 | 7、4、2 | 7、4、2 | 0、6 | 0、6 | 0、6 | 0、6 |
| 加工方法 | 钻削 | | 3、1 | 3、1 | 8、4、2 | 8、4、2 | 0、3、1 | 0、3、1 | 0、3 | 0、3 |
| | 铰削 | | 7、8、4 | 7、8、4 | 8、7、4 | 8、7、4 | 0、6 | 0、6 | 0、5、7 | 0、5、7 |
| | 攻螺纹 | | 7、8、4 | — | 8、7、4 | — | 0、6 | — | 0、5 | — |
| | 拉削 | | 7、4、8 | — | 8、7、4 | — | 0、3 | — | 0、3、5 | — |
| | 滚、插齿 | | 7、8 | — | 8、7 | — | 0、3 | — | 0、5、7 | — |
| 刀具材料 | | | 普通砂轮 | | | | | | | |
| 外圆磨（粗磨） | | | 1、3 | | 4、2 | | 1、3 | | 1 | |
| 平面磨（精磨） | | | 1、3 | | 4、2 | | 1、3 | | 1 | |

注：表中数据 0 表示不加切削液。1~8 表示表 3-79 中代号。

# 3.9　机械加工定位与夹紧

JB/T 5601—2006 规定了机械加工定位支承符号（简称定位符号）、辅助支承符号、夹紧符号和常用定位、夹紧装置符号（简称装置符号）的类型、画法和使用要求。本标准适用于机械制造行业设计产品零、部件机械加工工艺规程和编制工艺装备设计任务书。

### 1. 定位支承符号与辅助支承符号

1）定位支承符号与辅助支承符号的尺寸如图 3-12 所示的规定。符号见表 3-81。

2）联合定位与辅助支承符号的基本图形尺寸应符合 1）条的规定，基本符号间的连线长度可根据工序图中的位置确定。连线允许画成折线。

3）活动式定位支承符号和辅助支承符号内的波纹形状不作具体规定。

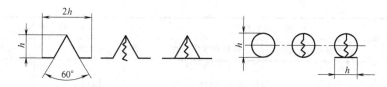

a) 标注在视图轮廓线上的支承符号　　　　b) 标注在视图正面的支承符号

图 3-12　定位支承符号与辅助支承符号的画法

4）定位支承符号和辅助支承符号的线条按 GB/T 4457.4—2002《机械制图　图样画法 图线》中规定的型线宽度 $b/3$，符号高度 $h$ 应是工艺图中数字高度的 $1\sim1.5$ 倍。

表 3-81　定位支承和辅助支承符号

| 类型 | | 独立定位 | | 联合定位 | |
|---|---|---|---|---|---|
| | | 标注在视图轮廓线上 | 标注在视图正面 | 标注在视图轮廓线上 | 标注在视图正面 |
| 定位支承 | 固定式 | | | | |
| | 活动式 | | | | |
| | | 独立支承 | | 联合支承 | |
| 辅助支承 | | | | | |

5）定位支承与辅助支承符号允许标注在视图轮廓的延长线上，或投影面的引出线上。

6）未剖切的中心孔引出线应由轴线与端面的交点开始。

7）在工件的一个定位面上布置两个以上的定位点，且对每个点的位置无特定要求时，允许用定位符号右边加数字的方法进行表示，不必将每个定位点的符号都画出，符号右边数字的高度应与符号的高度 $h$ 一致。

**2. 夹紧符号**

机床夹具常用的夹紧符号见表 3-82。①夹紧符号的尺寸应根据工艺图的大小与位置确定。②夹紧符号线条按 GB/T 4457.4—2002 中规定的型线宽度 $b/3$。③联动夹紧符号的连线长度应根据工艺图的位置确定，允许连线画成折线。

表 3-82　夹紧符号

| 夹紧动力源类型 | 独立夹紧符号 | | 联合夹紧符号 | |
|---|---|---|---|---|
| | 标注在视图轮廓线上 | 标注在视图正面 | 标注在视图轮廓线上 | 标注在视图正面 |
| 手动夹紧 | | | | |
| 液压夹紧 | | | | |

（续）

| 夹紧动力源类型 | 独立夹紧符号 | | 联合夹紧符号 | |
|---|---|---|---|---|
| | 标注在视图轮廓线上 | 标注在视图正面 | 标注在视图轮廓线上 | 标注在视图正面 |
| 气动夹紧 |  Q | 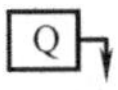 Q | 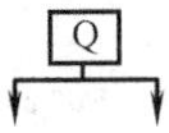 Q | 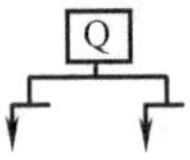 Q |
| 电磁夹紧 |  D |  D | 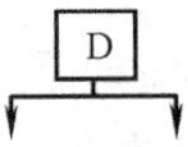 D | 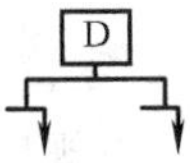 D |

### 3. 常用装置符号

符号的尺寸应根据工艺图的大小与位置确定。机床常用的装置符号见表 3-83。

表 3-83　常用装置符号

| 序号 | 名称 | 符号 | 序号 | 名称 | 符号 |
|---|---|---|---|---|---|
| 1 | 固定顶尖 |  | 8 | 跟刀架 | 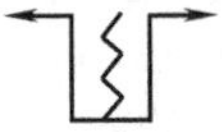 |
| 2 | 回转顶尖 |  | 9 | 圆柱衬套 | 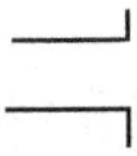 |
| 3 | 浮动顶尖 |  | 10 | 压板 | 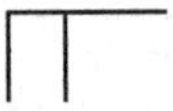 |
| 4 | 圆柱心轴 | 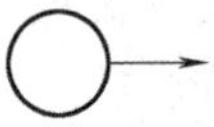 | 11 | 角铁 | 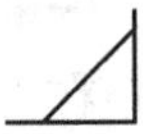 |
| 5 | 锥度心轴 | 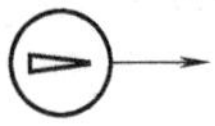 | 12 | 可调支承 |  |
| 6 | 螺纹心轴 | 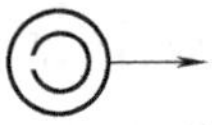 | 13 | V 形块 |  |
| 7 | 三爪卡盘 |  | 14 | 中心架 |  |

## 3.10　工艺文件填写

在工艺文件中，需要规定每一工序所使用的机床及刀具、夹具、量具。表 3-84 为图 3-13 所示的工艺规程中表头、表尾和附加栏的填写规范。表 3-85 为图 3-14 所示的机械加工工艺过程卡片的填写规范。表 3-86 为图 3-15 所示的机械加工工序卡片的填写规范。在编制工艺规程时可按上表格式及说明填写，注意表中的签字栏目，应有相应的签字和签字日期。

表 3-84  表头、表尾和附加栏的填写规范

| 代号 | 填写内容 | 代号 | 填写内容 |
|---|---|---|---|
| (1) | 填写(或印刷)各厂厂名的全称 | (18) | 填写修改日期 |
| (2) | 印刷各卡片名称 | (16) | 填写修改通知单的编号 |
| (3)~(6) | 一律按设计图样中的规定填写 | (17) | 修改人签名 |
| (7)(8) | 分别用阿拉伯数字填写每个零件卡片的总页数和顺序数 | (15) | 填写同一次更改处数,一律用①②③……填写 |
| (9)(10) | 分别为描图员和校对者签名处 | (19)~(21) | 责任者签名并要注明日期 |
| (11)(12) | 分别填写底图编号和装订编号 | (13)(22)(23) | 可根据需要填写 |
| (14) | 填写每次更改所使用的标记,一律用 a、b、c、……填写 | | |

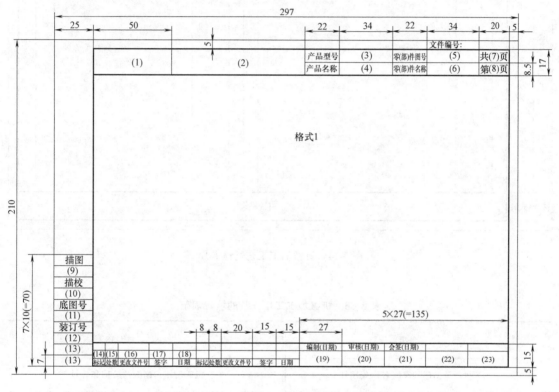

图 3-13  工艺规程

表 3-85  机械加工工艺过程卡片的填写规范

| 代号 | 填写内容 | 代号 | 填写内容 |
|---|---|---|---|
| (1) | 材料牌号按设计图样要求填写 | (7) | 工序号 |
| (2) | 毛坯种类填写铸件、锻件、钢条、板钢等 | (8) | 各工序名称 |
| (3) | 进入加工前的毛坯外形尺寸 | (9) | 各工序和工步、加工内容和主要技术要求,但只写工序名称和主要技术要求。 |
| (4) | 每毛坯可加工同一零件的数量 | (10)(11) | 分别填写加工车间和工段的代号或简称,工序中的外协工序也要填写 |
| (5) | 每台件数按设计图样要求填写 | (12) | 填写设备型号或名称,必要时还应填写设备编号 |
| (6) | 备注可根据需要填写 | (13) | 填写编号(专用的)或规格、精度、名称(标准的) |

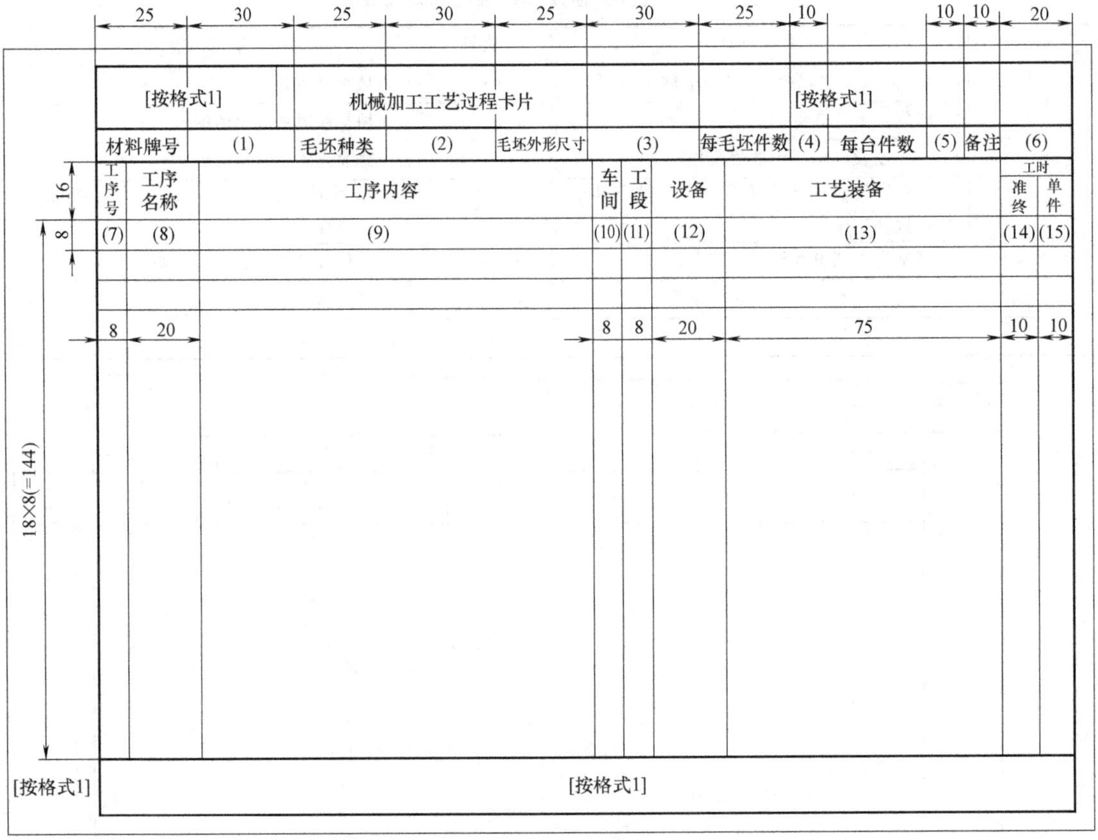

| 25 | 30 | 25 | 30 | 25 | 30 | 25 | 10 | | 10 | 10 | 20 |
|---|---|---|---|---|---|---|---|---|---|---|---|

|  | [按格式1] | | 机械加工工艺过程卡片 | | | | [按格式1] | | | | |
|---|---|---|---|---|---|---|---|---|---|---|---|
|  | 材料牌号 | （1） | 毛坯种类 | （2） | 毛坯外形尺寸 | （3） | 每毛坯件数 | （4） | 每台件数 | （5）备注 | （6） |
| 工序号 | 工序名称 | 工序内容 | | | | 车间 | 工段 | 设备 | 工艺装备 | | 工时 准终／单件 |
| （7） | （8） | （9） | | | | （10） | （11） | （12） | （13） | | （14）（15） |
|  |  |  |  |  |  |  |  |  |  |  |  |
| 8 | 20 | | | | | 8 | 8 | 20 | 75 | | 10 10 |

16  8  18×8(=144)

[按格式1]          [按格式1]

图 3-14  机械加工工艺过程卡片

**表 3-86  机械加工工序卡片的填写规范**

| 代号 | 填写内容 | 代号 | 填写内容 |
|---|---|---|---|
| （1） | 执行该工序的车间名称或代号 | （15） | 机床所用切削液的名称和牌号 |
| （2）~（8） | 按表 3-85 中的相应项目填写 | （18） | 工步号 |
| （9）~（11） | 填写该工序所用设备的名称、型号，必要时填写设备编号 | （19） | 各工步的名称、加工内容和主要技术要求 |
| （12） | 在机床上同时加工的件数 | （20） | 各工步需用的辅模具、刀量、量具，专用装备填编号，标准装备填规格、精度、名称 |
| （13）（14） | 该工序需使用的各种夹具编号和名称 | （21）~（27） | 加工规范，一般工序可不填，重要工序可根据需要填写 |

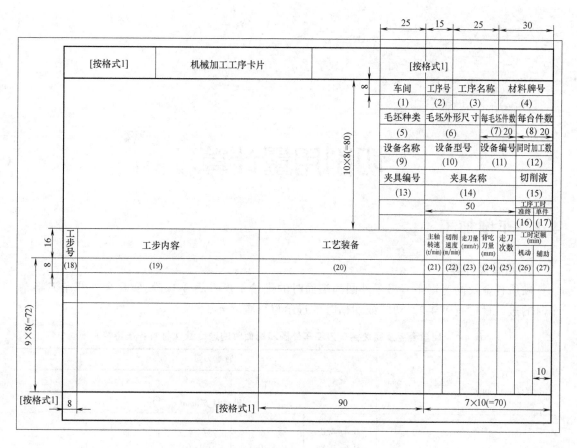

图 3-15　机械加工工序卡片

# 第4章

▶▶▶▶▶▶▶▶

# 切削用量计算

## 4.1 车削加工

### 1. 进给量计算

硬质合金及高速钢车刀粗车外圆和端面时的进给量可查表 4-1。硬质合金外圆车刀半精车时的进给量可查表 4-2。切断或切槽时的进给量可查表 4-3。

表 4-1 硬质合金及高速钢车刀粗车外圆和端面时的进给量（材料：灰铸铁）

| 车刀刀杆尺寸 $B×H/(\text{mm}×\text{mm})$ | 工件直径/mm | 背吃刀量 $a_p$/mm | | | | |
|---|---|---|---|---|---|---|
| | | ≤3 | >3~5 | >5~8 | >8~12 | >12 |
| | | 进给量 $f/(\text{mm} \cdot \text{r}^{-1})$ | | | | |
| 16×25 | 40 | 0.4~0.5 | | | | |
| | 60 | 0.6~0.8 | 0.5~0.8 | 0.4~0.6 | | |
| | 100 | 0.8~1.2 | 0.7~1.0 | 0.6~0.8 | 0.5~0.7 | |
| | 400 | 1.0~1.4 | 1.0~1.2 | 0.8~1.0 | 0.6~0.8 | |
| 20×30 25×25 | 40 | 0.4~0.5 | | | | |
| | 60 | 0.6~0.9 | 0.5~0.8 | 0.4~0.7 | | |
| | 100 | 0.9~1.3 | 0.8~1.2 | 0.7~1.0 | 0.5~0.8 | |
| | 600 | 1.2~1.8 | 1.2~1.6 | 1.0~1.3 | 0.9~1.1 | 0.7~0.9 |
| 25×40 | 60 | 0.6~0.8 | 0.5~0.8 | 0.4~0.7 | | |
| | 100 | 1.0~1.4 | 0.9~1.2 | 0.8~1.0 | 0.6~0.9 | |
| | 1000 | 1.5~2.0 | 1.2~1.8 | 1.0~1.4 | 1.0~1.2 | 0.8~1.0 |

注：加工断续表面及进行有冲击的加工时，表内的进给量应乘系数 $k=0.75~0.85$。

表 4-2 硬质合金外圆车刀半精车时的进给量

| 工件材料 | 表面粗糙度 $Ra$ /μm | 车削速度 /(m·min$^{-1}$) | 刀尖圆弧半径/mm | | |
|---|---|---|---|---|---|
| | | | 0.5 | 1.0 | 2.0 |
| | | | 进给量 $f/(\text{mm} \cdot \text{r}^{-1})$ | | |
| 铸铁、青铜、铝合金 | 6.3 | 不限 | 0.25~0.40 | 0.40~0.50 | 0.50~0.60 |
| | 3.2 | | 0.15~0.20 | 0.25~0.40 | 0.40~0.60 |
| | 1.6 | | 0.10~0.15 | 0.15~0.20 | 0.20~0.35 |

表 4-3 切断或切槽时的进给量

| 工件直径/mm | 切刀宽度/mm | 加工材料 | |
|---|---|---|---|
| | | 碳素结构钢-合金结构钢及铸钢件 | 铸铁-铜合金及铝合金 |
| | | 进给量 $f/(\text{mm} \cdot \text{r}^{-1})$ | |
| ≤20 | 3 | 0.06~0.08 | 0.11~0.14 |
| >20~40 | 3~4 | 0.10~0.12 | 0.16~0.19 |
| >40~60 | 4~5 | 0.13~0.16 | 0.20~0.24 |
| >60~100 | 5~8 | 0.16~0.23 | 0.24~0.32 |
| >100~150 | 6~10 | 0.18~0.26 | 0.30~0.40 |
| >150 | 10~15 | 0.28~0.36 | 0.40~0.55 |

注：1. 在直径大于 60mm 的实心材料上切断时，当切刀接近零件轴线达 1/2 倍半径时，表中进给量应减小 40%~50%。

2. 加工淬硬钢时，表内进给量应减小 30%（<50HRC 时）或减小 50%（>50HRC 时）。

3. 如切刀安装在转塔头上时，进给量应乘系数 0.8。

切断和切槽时的切削用量可查表 4-4。

硬质合金车刀外圆纵车切削用量及功率可查表 4-5。

表 4-4 切断和切槽时的切削用量（材料：灰铸铁）

| 硬质合金车刀 YG6 | | 高速钢车刀 W18Cr4V | |
|---|---|---|---|
| 进给量 $f/(\text{mm} \cdot \text{r}^{-1})$ | 切刀宽度/mm | 进给量 $f/(\text{mm} \cdot \text{r}^{-1})$ | 切刀宽度/mm |
| | 3~15 | | 3~15 |
| | 切削速度 $v/(\text{m} \cdot \text{s}^{-1})$ | | 切削速度 $v/(\text{m} \cdot \text{s}^{-1})$ |
| 0.11 | 1.22 | 0.11 | 0.39 |
| 0.14 | 1.11 | 0.14 | 0.36 |
| 0.16 | 1.05 | 0.16 | 0.34 |
| 0.20 | 0.96 | 0.20 | 0.31 |
| 0.24 | 0.89 | 0.24 | 0.29 |
| 0.28 | 0.84 | 0.28 | 0.27 |
| 0.30 | 0.81 | 0.30 | 0.26 |
| 0.32 | 0.79 | 0.32 | 0.26 |
| 0.35 | 0.77 | 0.35 | 0.25 |
| 0.40 | 0.73 | 0.40 | 0.23 |
| 0.45 | 0.69 | 0.45 | 0.22 |
| 0.50 | 0.66 | 0.50 | 0.21 |
| 0.55 | 0.64 | 0.55 | 0.21 |

表 4-5 硬质合金车刀外圆纵车切削用量及功率（材料：灰铸铁；刀具 YG6）

| 进给量 $f/(\text{mm} \cdot \text{r}^{-1})$ | 背吃刀量 $a_p$/mm | | | | | | | | | | | |
|---|---|---|---|---|---|---|---|---|---|---|---|---|
| | 1.0 | | 1.5 | | 2.0 | | 3.0 | | 4.0 | | 6.0 | |
| | $v$ /(m·s⁻¹) | $P_m$ /kW | $v$ /(m·s⁻¹) | $P_m$ /kW | $v$ /(m·s⁻¹) | $P_m$ /kW | $v$ /(m·s⁻¹) | $P_m$ /kW | $v$ /(m·s⁻¹) | $P_m$ /kW | $v$ /(m·s⁻¹) | $P_m$ /kW |
| 0.15 | 2.04 | 0.46 | 1.93 | 0.65 | | | | | | | | |
| 0.20 | 1.93 | 0.5 | 1.78 | 0.70 | 1.76 | 1.0 | 1.57 | 1.3 | | | | |
| 0.30 | 1.78 | 0.65 | 1.67 | 0.9 | 1.60 | 1.2 | 1.45 | 1.6 | 1.43 | 2.1 | 1.35 | 3.1 |
| 0.40 | 1.63 | 0.7 | 1.57 | 1.0 | 1.5l | 1.4 | 1.37 | 1.8 | 1.35 | 2.4 | 1.28 | 3.4 |
| 0.50 | 1.54 | 0.8 | 1.45 | 1.2 | 1.38 | 15 | 1.30 | 2.1 | 1.24 | 2.6 | 1.17 | 3.8 |
| 0.70 | 1.34 | 0.9 | 1.26 | 1.3 | 1.20 | 1.7 | 1.14 | 2.3 | 1.09 | 3.1 | 1.03 | 4.3 |
| 1.0 | | | | | | | 0.99 | 2.7 | 0.94 | 3.4 | 0.89 | 4.8 |
| 1.5 | | | | | | | | | 0.80 | 3.9 | 0.76 | 5.6 |

### 2. 切削速度计算

车削时切削速度 $v$（m/s）的计算公式为

$$v = \frac{c_v}{60^{1-m} T^m a_p^{x_v} f^{y_v}} \cdot k_v$$

式中，$c_v$ 为系数；$m$、$x_v$、$y_v$ 为指数；$a_p$ 为背吃刀量；$f$ 为进给量；$k_v$ 为修正系数，外圆纵车时，$k_v = 1.0$，切槽时，当工件最终直径/初始直径 = 0.5~0.7，取 $k_v = 0.96$，当工件最终直径/初始直径 = 0.8~0.95，取 $k_v = 0.84$；$T$ 为刀具寿命，和刀具材料有关，硬质合金焊接普通车刀寿命 $T = 3600s$，高速钢焊接普通车刀寿命 $T = 3600s$，机夹可转位车刀寿命 $T = 1800s$。

各系数和指数数值可查表 4-6。

表 4-6　切削速度的计算（不用切削液）（材料：灰铸铁）

| 加工类型 | 刀具材料 | 进给量 $f/(mm \cdot r^{-1})$ | 系数和指数 | | | |
| --- | --- | --- | --- | --- | --- | --- |
| | | | $c_v$ | $x_v$ | $y_v$ | $m$ |
| 外圆纵车 | YG6 | ≤0.40 | 189.8 | 0.15 | 0.20 | 0.20 |
| | | >0.40 | 158 | | 0.40 | |
| | W18Cr4V | ≤0.25 | 24 | 0.15 | 0.30 | 0.10 |
| | | >0.25 | 22.7 | | 0.40 | |
| 切断及切槽 | YG6 | — | 68.5 | | 0.40 | 0.20 |
| | W18Cr4V | | 18 | | | 0.15 |

# 4.2　铣削加工

### 1. 进给量计算

圆柱、面铣刀直径的选择可查表 4-7。硬质合金面铣刀进给量可查表 4-8。

表 4-7　圆柱、面铣刀直径的选择（参考）　　　　　（单位：mm）

| 名称 | 高速钢圆柱铣刀 | | | 硬质合金面铣刀 | | | | |
| --- | --- | --- | --- | --- | --- | --- | --- | --- |
| 背吃刀量 $a_p$ | ≤70 | ~90 | ~100 | ≤4 | ~5 | ~6 | ~7 | ~8 |
| 铣削宽度 $a_e$ | ≤5 | ~8 | ~10 | ≤60 | ~90 | ~120 | ~180 | ~260 |
| 铣刀直径 | <80 | 80~100 | 100~125 | <80 | 100~125 | 160~200 | 200~250 | 320~400 |

表 4-8　硬质合金面铣刀进给量（材料：灰铸铁）

| | | 每齿进给量 $a_f/(mm \cdot 齿^{-1})$ | |
| --- | --- | --- | --- |
| | 机床功率/kW | YG6 | YG8 |
| 粗铣 | 5~10 | 0.14~0.24 | 0.20~0.29 |
| | >10 | 0.18~0.28 | 0.25~0.38 |
| 精铣 | 表面粗糙度 $Ra$/μm | >0.63~1.25 | >0.32~0.63 |
| | 进给量 $f/(mm \cdot r^{-1})$ | 0.2~0.3 | 0.15 |

高速钢面铣刀进给量可查表 4-9；高速钢圆柱铣刀进给量可查表 4-10；高速钢三面刃铣刀铣槽进给量可查表 4-11；立铣刀铣槽进给量可查表 4-12；硬质合金圆柱铣刀进给量可查表 4-13。

表 4-9　高速钢面铣刀进给量（材料：灰铸铁）

| 机床功率/kW | 工艺系统刚性 | 粗齿和镶齿 | 细齿 |
|---|---|---|---|
|  |  | 每齿进给量 $a_f$/(mm·齿$^{-1}$) | |
| >10 | 上等 | 0.3~0.45 | — |
|  | 中等 | 0.25~0.4 | — |
|  | 下等 | 0.20~0.25 | — |
| 5~10 | 上等 | 0.25~0.35 | 0.20~0.35 |
|  | 中等 | 0.20~0.30 | 0.15~0.30 |
|  | 下等 | 0.15~0.25 | 0.10~0.20 |
| ≤5 | 中等 | 0.15~0.30 | 0.12~0.20 |
|  | 下等 | 0.10~0.20 | 0.08~0.15 |

注：背吃刀量小和切削宽度小时，$a_f$ 选大值，反之选小值。

表 4-10　高速钢圆柱铣刀进给量（材料：灰铸铁）

| | 机床功率/kW | 工艺系统刚性 | 粗齿和镶齿 | 细齿 |
|---|---|---|---|---|
| | | | 每齿进给量 $a_f$/(mm·齿$^{-1}$) | |
| 粗铣 | >10 | 上等 | 0.35~0.50 | — |
| | | 中等 | 0.30~0.40 | — |
| | | 下等 | 0.25~0.30 | — |
| | 5~10 | 上等 | 0.25~0.35 | 0.12~0.20 |
| | | 中等 | 0.20~0.30 | 0.10~0.15 |
| | | 下等 | 0.12~0.20 | 0.08~0.12 |
| | ≤5 | 中等 | 0.12~0.20 | 0.06~0.12 |
| | | 下等 | 0.10~0.15 | 0.05~0.10 |

| | 表面粗糙度 $Ra$/μm | 铣刀直径/mm | | | | |
|---|---|---|---|---|---|---|
| | | 50 | 63 | 80 | 100~125 | 160~250 |
| 半精铣 | | 进给量 $f$/(mm·r$^{-1}$) | | | | |
| | 3.2 | 1.0~1.6 | 1.2~2.0 | 1.3~2.3 | 1.4~3.0 | 1.9~3.7 |
| | 1.6 | 0.6~1.0 | 0.7~1.2 | 0.7~1.3 | 0.8~1.7 | 1.1~2.1 |

注：背吃刀量小和切削宽度小时，$a_f$ 选大值，反之选小值。

表 4-11　高速钢三面刃铣刀铣槽进给量（材料：灰铸铁）

| 铣刀直径/mm | 铣刀齿数 $z$ | 背吃刀量 $a_p$/mm | 铣削宽度/mm | | | | |
|---|---|---|---|---|---|---|---|
| | | | 5 | 10 | 15 | 20 | 30 |
| | | | 每齿进给量 $a_f$/(mm·齿$^{-1}$) | | | | |
| 63 | 16 | 6~12 | 0.08~0.12 | 0.06~0.1 | 0.05~0.08 | ~ | ~ |
| 80 | 18 | 10~20 | 0.08~0.12 | 0.06~0.1 | 0.05~0.08 | ~ | ~ |

（续）

| 铣刀直径/mm | 铣刀齿数 z | 背吃刀量 $a_p$ /mm | 铣削宽度/mm | | | | |
|---|---|---|---|---|---|---|---|
| | | | 5 | 10 | 15 | 20 | 30 |
| | | | 每齿进给量 $a_f$/(mm·齿$^{-1}$) | | | | |
| 100 | 20 | 10~20 | 0.08~0.12 | 0.06~0.1 | 0.05~0.08 | ~ | ~ |
| 80 | 10 | 10~20 | 0.12~0.18 | 0.10~0.15 | 0.08~0.12 | ~ | ~ |
| 100 | 12 | 10~20 | 0.12~0.18 | 0.10~0.15 | 0.08~0.12 | ~ | ~ |
| 125 | 14 | 12~24 | 0.12~0.18 | 0.08~0.15 | 0.06~0.12 | 0.05~1.0 | ~ |
| 160 | 16 | 18~30 | — | 0.10~0.18 | 0.08~0.15 | 0.06~0.12 | 0.05~0.08 |
| 200 | 20 | 20~40 | — | 0.10~0.20 | 0.1~0.18 | 0.08~0.15 | 0.05~0.08 |

表 4-12　立铣刀铣槽进给量（材料：灰铸铁）

| 铣刀直径/mm | 铣刀齿数 z | 槽深 $a_p$/mm | | | | |
|---|---|---|---|---|---|---|
| | | 5 | 10 | 15 | 20 | 30 |
| | | 每齿进给量 $a_f$/(mm·齿$^{-1}$) | | | | |
| 8 | 5 | 0.015~0.025 | 0.012~0.02 | — | — | — |
| 10 | 5 | 0.03~0.05 | 0.015~0.03 | 0.012~0.02 | — | — |
| 16 | 3 | 0.07~0.1 | 0.05~0.08 | 0.04~0.07 | — | — |
| | 5 | 0.05~0.08 | 0.04~0.07 | 0.025~0.05 | — | — |
| 20 | 3 | 0.08~0.12 | 0.07~0.12 | 0.06~0.1 | 0.04~0.07 | — |
| | 5 | 0.06~0.12 | 0.06~0.1 | 0.05~0.08 | 0.035~0.05 | — |
| 25 | 3 | — | 0.1~0.15 | 0.08~0.12 | 0.07~0.1 | 0.06~0.07 |
| | 5 | — | 0.08~0.14 | 0.07~0.1 | 0.04~0.07 | 0.03~0.06 |
| 32 | 4 | — | 0.12~0.18 | 0.08~0.14 | 0.07~0.12 | 0.06~0.08 |
| | 6 | — | 0.1~0.15 | 0.08~0.12 | 0.07~0.1 | 0.05~0.07 |

表 4-13　硬质合金圆柱铣刀进给量（材料：灰铸铁）

| | 背吃刀量 $a_p$/mm | 机床功率/kW | 每齿进给量 $a_f$/(mm·齿$^{-1}$) | |
|---|---|---|---|---|
| | | | YG6 | YG8 |
| 粗铣 | ≤30 | 5~10 | 0.12~0.18 | 0.20~0.29 |
| | | >10 | 0.16~0.24 | 0.25~0.38 |
| | >30 | 5~10 | 0.18~0.13 | 0.14~0.20 |
| | — | >10 | 0.10~0.17 | 0.18~0.27 |
| 精铣 | 表面粗糙度 Ra/μm | | 1.6 | 0.4 |
| | 进给量 f/(mm·r$^{-1}$) | | 0.4~0.6 | 0.15 |

## 2. 切削速度计算

铣削时切削速度 $v$（m/s）的计算公式为

$$v = \frac{c_v \cdot d_0^{z_v}}{60^{1-m} T^m a_p^{x_1} a_f^{x_2} a_e^{x_3} z^{x_4}} \cdot k_v$$

式中，$d_0$ 为铣刀直径，单位 mm；$c_v$ 为系数；$m$、$z_v$、$x_1$、$x_2$、$x_3$、$x_4$ 为指数；$a_p$ 为背吃刀量；$a_f$ 为每齿进给量；$a_e$ 为铣削宽度；$z$ 为铣刀齿数；$k_v$ 为修正系数，粗铣 $k_v = 1.0$，精铣 $k_v = 0.8$；$T$ 为刀具寿命，和刀具材料等有关，可查表 4-14，各系数和指数数值可查表 4-15。

表 4-14　铣刀平均寿命 $T \times 10^3$　　　　　　　（单位：s）

| 铣刀类型 | | 铣刀直径 $d_0/\text{mm}$ | | | | | | | | |
|---|---|---|---|---|---|---|---|---|---|---|
| | | ≤25 | ≤40 | ≤63 | ≤80 | ≤100 | ≤125 | ≤160 | ≤200 | ≤250 |
| 高速钢 | 细齿圆柱 | — | | 7.2 | 10.8 | — | | | | |
| | 镶齿圆柱 | | | | | 10.8 | | | — | |
| | 盘铣刀 | — | | 6.0 | 7.2 | | 9.0 | | 10.8 | 14.4 |
| | 面铣刀 | | | | 10.8 | | | | 14.4 | |
| | 立铣刀 | 3.6 | 5.4 | 7.2 | — | | | | | |
| | 切槽与切断铣刀 | — | | | 3.6 | 4.5 | 7.2 | 9.0 | 10.8 | — |
| | 成形铣刀与角铣刀 | — | | 7.2 | 10.8 | — | | | | |
| 硬质合金 | 面铣刀 | — | | | 10.8 | | | | 14.4 | |
| | 圆柱铣刀 | | | | 10.8 | | | | | |
| | 立铣刀 | 3.6 | 5.4 | 7.2 | — | | | | | |
| | 盘铣刀 | — | | | 7.2 | | 9.0 | | 10.8 | 14.4 |

表 4-15　切削速度的计算（材料：灰铸铁）

| 铣刀类型 | 刀具材料 | 参数 | 系数和指数 | | | | | | |
|---|---|---|---|---|---|---|---|---|---|
| | | | $c_v$ | $z_v$ | $m$ | $x_1$ | $x_2$ | $x_3$ | $x_4$ |
| 面铣刀 | 硬质合金 | — | 245 | 0.2 | 0.32 | 0.15 | 0.35 | 0.2 | 0 |
| | 高速钢 | — | 18.9 | 0.2 | 0.15 | 0.1 | 0.4 | 0.1 | 0.1 |
| 圆柱铣刀 | 硬质合金 | $a_e < 2.5\text{mm}, a_f \leq 0.2\text{mm/z}$ | 508 | 0.37 | 0.42 | 0.23 | 0.19 | 0.13 | 0.14 |
| | | $a_e < 2.5\text{mm}, a_f > 0.2\text{mm/z}$ | 323 | 0.37 | 0.42 | 0.23 | 0.47 | 0.13 | 0.14 |
| | | $a_e \geq 2.5\text{mm}, a_f \leq 0.2\text{mm/z}$ | 649 | 0.37 | 0.42 | 0.23 | 0.19 | 0.4 | 0.14 |
| | | $a_e \geq 2.5\text{mm}, a_f > 0.2\text{mm/z}$ | 412 | 0.37 | 0.42 | 0.23 | 0.47 | 0.4 | 0.41 |
| | 高速钢 | $a_f \leq 0.15\text{mm/z}$ | 20 | 0.7 | 0.25 | 0.3 | 0.2 | 0.5 | 0.3 |
| | | $a_f > 0.15\text{mm/z}$ | 9.5 | 0.7 | 0.25 | 0.3 | 0.6 | 0.5 | 0.3 |
| 圆盘（三面刃铣刀） | 高速钢 | 镶齿 | 35 | 0.2 | 0.15 | 0.1 | 0.4 | 0.4 | 0.1 |
| | | 整体 | 25 | 0.2 | 0.15 | 0.1 | 0.4 | 0.4 | 0.1 |
| 立铣刀 | 高速钢 | — | 25 | 0.7 | 0.25 | 0.3 | 0.2 | 0.5 | 0.3 |
| 切槽与切断 | 高速钢 | — | 10.5 | 0.2 | 0.15 | 0.2 | 0.4 | 0.5 | 0.1 |
| 键槽铣刀 | 高速钢 | — | 13.6 | 0.3 | 0.26 | 0.25 | 0 | 0 | 0 |

注：刀具材料硬质合金为 YG6；高速钢为 W18Cr4V。

## 4.3 孔加工——钻扩铰

### 4.3.1 钻孔切削用量

#### 1. 进给量计算

高速钢钻头钻孔时的进给量可查表 4-16。

表 4-16 高速钢钻头钻孔时的进给量

| 钻头直径 $d$/mm | 灰铸铁硬度≤200HBW 及铜合金 | | | 灰铸铁硬度>200HBW | | |
|---|---|---|---|---|---|---|
| | 进给量的组别 | | | | | |
| | Ⅰ | Ⅱ | Ⅲ | Ⅰ | Ⅱ | Ⅲ |
| | 进给量 $f$/(mm·r$^{-1}$) | | | | | |
| 2 | 0.09~0.11 | 0.09~0.08 | 0.05~0.06 | 0.05~0.07 | 0.04~0.05 | 0.03~0.04 |
| 4 | 0.18~0.22 | 0.13~0.17 | 0.09~0.11 | 0.11~0.13 | 0.08~0.10 | 0.05~0.07 |
| 6 | 0.27~0.33 | 0.20~0.24 | 0.13~0.17 | 0.18~0.22 | 0.13~0.17 | 0.09~0.11 |
| 8 | 0.36~0.44 | 0.27~0.33 | 0.18~0.22 | 0.22~0.26 | 0.16~0.20 | 0.11~0.13 |
| 10 | 0.47~0.57 | 0.35~0.43 | 0.23~0.29 | 0.28~0.34 | 0.21~0.25 | 0.13~0.17 |
| 13 | 0.52~0.64 | 0.39~0.47 | 0.26~0.32 | 0.31~0.39 | 0.23~0.29 | 0.15~0.19 |
| 16 | 0.61~0.75 | 0.45~0.56 | 0.31~0.37 | 0.37~0.45 | 0.27~0.33 | 0.18~0.22 |
| 20 | 0.70~0.86 | 0.52~0.64 | 0.35~0.43 | 0.43~0.53 | 0.32~0.40 | 0.22~0.26 |
| 25 | 0.78~0.96 | 0.58~0.72 | 0.39~0.47 | 0.47~0.57 | 0.35~0.43 | 0.23~0.26 |
| 30 | 0.9~1.1 | 0.67~0.83 | 0.45~0.55 | 0.54~0.66 | 0.4~0.5 | 0.27~0.39 |
| 30~60 | 1.0~1.2 | 0.8~0.9 | 0.5~0.6 | 0.7~0.8 | 0.5~0.6 | 0.35~0.40 |

注：1. Ⅰ组是在刚性工件上钻无公差或 IT12、IT13 级以下的孔，或钻孔后尚需用其他刀具加工的孔。

2. Ⅱ组是在刚度不足的工件上（箱形的薄壁工件，工件上薄弱的凸出部分等）钻无公差的或 IT12、IT13 精度的孔，或钻孔后尚需用其他刀具加工的孔，或攻螺纹前的孔。

3. Ⅲ组是钻精密孔（以后还需用一扩孔钻或铰刀加工），或在刚度差的和支承面不稳定的工件上钻孔，或孔的轴线和平面不垂直的孔。

#### 2. 切削速度计算

钻孔时切削速度 $v$（m/s）的计算公式为 $v = \dfrac{c_v \cdot d_0^{z_v}}{60^{1-m} T^m f^{y_v}} \cdot k_v$

式中，$d_0$ 为钻头直径，单位 mm；$c_v$ 为系数；$m$、$z_v$、$y_v$ 为指数；切削速度的计算见表 4-17 所示，其中修正系数 $k_v$ 可取为 $k_v = 1.0$；$T$ 为刀具寿命，和钻头直径有关，钻孔时钻头耐用度值可查表 4-18。

具体应用时，也可查表 4-19 所示高速钢钻头切削时切削速度 $v$、扭矩 $M$ 及轴向力 $F$ 进行参数确定。

表 4-17 切削速度的计算（材料：灰铸铁）

| 加工类型 | | 系数和指数 | | | |
|---|---|---|---|---|---|
| | | $c_v$ | $z_v$ | $y_v$ | $m$ |
| 高速钢钻头 （不用切削液） | $f \leqslant 0.3$mm/r | 14.7 | 0.25 | 0.55 | 0.125 |
| | $f > 0.3$mm/r | 17.1 | 0.25 | 0.4 | 0.125 |
| YG8 钻头（不用切削液） | — | 34.2 | 0.45 | 0.3 | 0.2 |

表 4-18 钻孔时刀具寿命（材料：灰铸铁）

| 钻头直径/mm | <6 | 6~10 | 11~20 | 21~30 | 31~40 |
|---|---|---|---|---|---|
| 刀具寿命/s | 720 | 1500 | 2700 | 4500 | 6300 |

表 4-19 高速钢钻头切削时切削速度 $v$、扭矩 $M$ 及轴向力 $F$（材料：灰铸铁）

| 进给量 $f$/(mm·r$^{-1}$) | 刀具直径 $d$/mm | | | | | | | | |
|---|---|---|---|---|---|---|---|---|---|
| | 5 | | | 6 | | | 8 | | |
| | $v$/(m/s) | $F$/N | $M$/(N·m) | $v$/(m/s) | $F$/N | $M$/(N·m) | $v$/(m/s) | $F$/N | $M$/(N·m) |
| 0.04 | 1.33 | 215 | 0.398 | — | — | — | — | — | — |
| 0.06 | 1.06 | 296 | 0.553 | — | — | — | — | — | — |
| 0.08 | 0.91 | 378 | 0.697 | 0.87 | 449 | 1.000 | — | — | — |
| 0.10 | 0.80 | 449 | 0.834 | 0.77 | 541 | 1.207 | 0.82 | 724 | 2.136 |
| 0.12 | 0.72 | 520 | 0.966 | 0.69 | 624 | 1.393 | 0.74 | 832 | 2.472 |
| 0.15 | 0.64 | 622 | 1.148 | 0.61 | 745 | 1.668 | 0.66 | 1000 | 2.953 |
| 0.18 | 0.58 | 720 | 1.334 | 0.55 | 863 | 1.923 | 0.59 | 1152 | 3.414 |
| 0.20 | 0.55 | 785 | 1.452 | 0.52 | 939 | 2.099 | 0.56 | 1256 | 3.708 |
| 0.25 | 0.48 | 944 | 1.736 | 0.46 | 1118 | 2.502 | 0.50 | 1599 | 4.434 |
| 0.30 | 0.44 | 1079 | 2.011 | 0.42 | 1294 | 2.884 | 0.45 | 1736 | 5.140 |
| 0.35 | 0.40 | 1226 | 2.266 | 0.38 | 1472 | 3.267 | 0.41 | 1952 | 5.808 |
| 0.40 | 0.38 | 1364 | 2.521 | 0.36 | 1628 | 3.630 | 0.39 | 2178 | 6.455 |
| 0.45 | 0.36 | 1491 | 2.776 | 0.34 | 1785 | 3.993 | 0.37 | 2384 | 7.102 |
| 0.50 | — | — | — | 0.33 | 1962 | 4.356 | 0.36 | 2600 | 7.720 |
| 0.60 | — | — | — | — | — | — | 0.33 | 2021 | 8.947 |

| 进给量 $f$/(mm·r$^{-1}$) | 刀具直径 $d$/mm | | | | | | | | |
|---|---|---|---|---|---|---|---|---|---|
| | 10 | | | 12 | | | 20 | | |
| | $v$/(m/s) | $F$/N | $M$/(N·m) | $v$/(m/s) | $F$/N | $M$/(N·m) | $v$/(m/s) | $F$/N | $M$/(N·m) |
| 0.12 | 0.79 | 1040 | 3.865 | — | — | — | — | — | — |
| 0.15 | 0.70 | 1246 | 4.611 | 0.68 | 1491 | 6.632 | — | — | — |
| 0.18 | 0.62 | 1442 | 5.337 | 0.61 | 1727 | 7.701 | — | — | — |
| 0.20 | 0.59 | 1560 | 5.788 | 0.58 | 1874 | 8.339 | 0.76 | 2354 | 23.152 |
| 0.25 | 0.53 | 1864 | 6.945 | 0.51 | 2246 | 10.001 | 0.67 | 2715 | 27.664 |
| 0.30 | 0.47 | 2178 | 8.026 | 0.46 | 2600 | 11.576 | 0.61 | 3256 | 32.079 |
| 0.35 | 0.43 | 2443 | 9.074 | 0.42 | 2933 | 13.047 | 0.55 | 3679 | 36.297 |
| 0.40 | 0.41 | 2727 | 10.104 | 0.40 | 3277 | 14.519 | 0.52 | 4101 | 40.417 |
| 0.45 | 0.39 | 2992 | 11.085 | 0.38 | 3581 | 15.990 | 0.50 | 4503 | 44.341 |
| 0.50 | 0.38 | 3257 | 12.066 | 0.37 | 3904 | 17.364 | 0.48 | 4895 | 48.265 |
| 0.60 | 0.35 | 3767 | 13.930 | 0.34 | 4522 | 20.111 | 0.44 | 5670 | 55.917 |
| 0.70 | 0.33 | 4248 | 15.755 | 0.32 | 5101 | 22.661 | 0.42 | 6396 | 63.176 |
| 0.80 | — | — | — | 0.30 | 5690 | 25.310 | 0.40 | 7142 | 70.338 |

## 4.3.2 扩孔切削用量

### 1. 进给量计算

高速钢和硬质合金扩孔钻扩孔时的进给量可查表 4-20。

表 4-20　高速钢和硬质合金扩孔钻扩孔时的进给量（材料：灰铸铁）

| 扩孔直径 $d_c$/mm | ≤15 | 15~20 | 20~25 | 25~30 | 30~35 | 35~40 | 40~50 |
|---|---|---|---|---|---|---|---|
| 进给量 $f$/$(mm \cdot r^{-1})$ | 0.7~0.9 | 0.9~1.1 | 1.0~1.2 | 1.1~1.3 | 1.2~1.5 | 1.4~1.6 | 1.6~2.0 |

注：1. 加工强度及硬度较低的材料时，采用较大值；加工强度及硬度较高的材料时，采用较小值。

2. 扩不通孔时，进给量取 0.3~0.6mm/r。

3. 表中进给量用于孔的精度不高于 IT12~IT13，或以后还要用扩孔钻和铰刀加工的孔，或还要用两把铰刀加工的孔。

4. 当加工的孔要求较高时，或还要用一把铰刀加工的孔，或用丝锥攻螺纹前的扩孔，则进给量应乘系数 0.7。

## 2. 切削速度计算

扩孔钻扩孔时切削速度 $v$（m/s）的计算公式为 $v = \dfrac{c_v \cdot d_0^{z_v}}{60^{1-m} T^m a_p^{x_v} f^{y_v}} \cdot k_v$

式中，$d_0$ 为扩孔钻直径，单位 mm；$c_v$ 为系数；$m$、$z_v$、$x_v$、$y_v$ 为指数；$a_p$ 为背吃刀量；$k_v$ 为修正系数，可取 $k_v = 1.0$；各系数和指数数值可查表 4-21。$T$ 为刀具寿命，和钻头直径有关，可查表 4-22，具体应用时，也可查表 4-23、表 4-24 进行参数确定。

表 4-21　切削速度的计算（材料：灰铸铁）

| 加工类型 | 系数和指数 | | | | |
|---|---|---|---|---|---|
| | $c_v$ | $z_v$ | $x_v$ | $y_v$ | $m$ |
| 高速钢钻头（不用切削液） | 18.8 | 0.2 | 0.1 | 0.4 | 0.125 |
| YG8 钻头（不用切削液） | 105 | 0.4 | 0.15 | 0.45 | 0.4 |

表 4-22　钻孔时刀具寿命（材料：灰铸铁）

| 刀具直径/mm | 11~20 | 21~30 | 31~40 | 41~50 | 51~60 |
|---|---|---|---|---|---|
| 刀具寿命/s | 1800 | 3000 | 4200 | 5400 | 6600 |

表 4-23　高速钢扩孔钻扩孔切削速度（材料：灰铸铁，不加切削液）

| 进给量 $f$/$(mm \cdot r^{-1})$ | 扩孔钻直径 $d_c$/mm | | | | | | |
|---|---|---|---|---|---|---|---|
| | 15 | 20 | 25 | 30 | 35 | 40 | 50 |
| | 背吃刀量 $a_p$/mm | | | | | | |
| | 1.0 | 1.0 | 1.5 | 1.5 | 1.5 | 2.0 | 2.5 |
| | 切削速度 $v$/$(m \cdot s^{-1})$ | | | | | | |
| 0.6 | 0.42 | 0.44 | 0.42 | 0.43 | 0.43 | 0.43 | — |
| 0.8 | 0.37 | 0.40 | 0.37 | 0.38 | 0.38 | 0.38 | 0.34 |
| 1.0 | 0.34 | 0.36 | 0.34 | 0.35 | 0.35 | 0.35 | 0.31 |
| 1.2 | 0.32 | 0.34 | 0.32 | 0.33 | 0.33 | 0.32 | 0.29 |
| 1.4 | — | 0.32 | 0.30 | 0.31 | 0.31 | 0.31 | 0.27 |
| 1.6 | — | 0.30 | 0.28 | 0.29 | 0.29 | 0.29 | 0.26 |
| 1.8 | — | — | 0.27 | 0.28 | 0.28 | 0.28 | — |
| 2.0 | — | — | — | 0.27 | 0.27 | 0.26 | 0.24 |

表 4-24 硬质合金扩孔钻扩孔切削速度（材料：灰铸铁，刀具 YG8，不加切削液）

| 进给量 $f$ /(mm·r⁻¹) | 扩孔钻直径 $d_c$/mm | | | | | | |
|---|---|---|---|---|---|---|---|
| | 15 | 20 | 25 | 30 | 35 | 40 | 50 |
| | 背吃刀量 $a_p$/mm | | | | | | |
| | 1.0 | 1.0 | 1.5 | 1.5 | 1.5 | 2.0 | 2.5 |
| | 切削速度 $v$/(m·s⁻¹) | | | | | | |
| 0.6 | 1.61 | 1.81 | 1.66 | 1.79 | 1.73 | 1.75 | 1.62 |
| 0.7 | 1.51 | 1.69 | 1.55 | 1.66 | 1.62 | 1.63 | 1.51 |
| 0.8 | 1.42 | 1.59 | 1.31 | 1.56 | 1.52 | 1.54 | 1.42 |
| 0.9 | 1.35 | 1.51 | 1.38 | 1.48 | 1.44 | 1.46 | 1.35 |
| 1.0 | — | 1.44 | 1.32 | 1.42 | 1.38 | 1.39 | 1.28 |
| 1.2 | — | — | 1.22 | 1.30 | 1.27 | 1.28 | 1.18 |
| 1.4 | — | — | — | — | — | 1.19 | 1.10 |
| 1.6 | — | — | — | — | — | 1.12 | 1.04 |

### 4.3.3 铰孔切削用量

#### 1. 进给量计算

机用铰刀铰孔时的进给量可查表 4-25。

表 4-25 机用铰刀铰孔的进给量（材料：灰铸铁） （单位：mm·r⁻¹）

| 铰刀直径/mm | 高速钢铰刀 | | 硬质合金铰刀 | |
|---|---|---|---|---|
| | 硬度≤170HBW | 硬度>170HBW | 硬度≤170HBW | 硬度>170HBW |
| ≤5 | 0.6~1.2 | 0.4~0.8 | — | — |
| >5~10 | 1.0~1.2 | 0.65~1.3 | 0.9~1.4 | 0.7~1.1 |
| >10~20 | 1.5~3.0 | 1.0~2.0 | 1.0~1.5 | 0.8~1.2 |
| >20~30 | 2.0~4.0 | 1.3~2.6 | 1.2~1.8 | 0.9~1.4 |
| >30~40 | 2.5~5.0 | 1.6~3.2 | 1.3~2.0 | 1.0~1.5 |
| >40~60 | 3.2~6.4 | 2.1~4.2 | 1.6~2.4 | 1.25~1.8 |
| >60~80 | 3.75~7.5 | 2.6~5.0 | 2.0~3.0 | 1.5~2.2 |

#### 2. 切削速度计算

铰孔时切削速度 $v$（m/s）的计算公式为

$$v = \frac{c_v \cdot d_0^{z_v}}{60^{1-m} T^m a_p^{x_v} f^{y_v}} \cdot k_v$$

式中，$d_0$ 为铰刀直径，单位 mm；$c_v$、$z_v$、$x_v$、$y_v$ 为系数；$m$ 为指数；$a_p$ 为背吃刀量；$f$ 为进给量；$k_v$ 为修正系数，可取 $k_v = 1.0$；$T$ 为刀具寿命，和铰刀直径有关，可查表 4-26，各系数和指数数值可查表 4-27。

表 4-26 铰孔时刀具寿命（材料：灰铸铁）

| 刀具材料 | 刀具直径/mm | | | | |
|---|---|---|---|---|---|
| | 11~20 | 21~30 | 31~40 | 41~50 | 51~60 |
| | 刀具寿命/s | | | | |
| 高速钢 | 3600 | 7200 | 7200 | 10800 | 10800 |
| 硬质合金 | 2700 | 4500 | 6300 | 8100 | 9900 |

表 4-27  切削速度的计算（材料：灰铸铁）

| 加工类型 | 系数和指数 | | | | |
|---|---|---|---|---|---|
| | $c_v$ | $z_v$ | $x_v$ | $y_v$ | $m$ |
| 高速钢钻头（不用切削液） | 15.6 | 0.2 | 0.1 | 0.5 | 0.3 |
| YG8 钻头（不用切削液） | 109 | 0.2 | 0 | 0.5 | 0.45 |

具体应用时，也可按下列原则进行参数确定。

高速钢铰刀精铰孔时铰削速度（材料：灰铸铁，硬度 190HBW）：

1）表面粗糙度等级 $Ra3.2\sim1.6$，允许的最大切削速度 $v$（m/s）可取 0.13。

2）表面粗糙度等级 $Ra1.6\sim0.8$，允许的最大切削速度 $v$（m/s）可取 0.06。

高速钢铰刀粗铰孔时铰削速度参见表 4-28，高速钢铰刀铰锥孔的进给量及切削速度参见表 4-29。

表 4-28  高速钢铰刀铰削速度——粗铰孔（材料：灰铸铁）

| 进给量 $f$ /(mm·r$^{-1}$) | 铰刀直径 $d_0$/mm | | | | | | | |
|---|---|---|---|---|---|---|---|---|
| | 5 | 10 | 15 | 20 | 25 | 30 | 40 | 50 |
| | 背吃刀量 $a_p$/mm | | | | | | | |
| | 0.05 | 0.075 | 0.1 | 0.125 | 0.125 | 0.125 | 0.15 | 0.15 |
| | 切削速度 $v$/(m·s$^{-1}$) | | | | | | | |
| 0.5 | 0.32 | 0.30 | 0.27 | 0.28 | 0.25 | | | |
| 0.6 | 0.29 | 0.27 | 0.24 | 0.25 | 0.22 | | | |
| 0.7 | 0.27 | 0.25 | 0.22 | 0.23 | 0.21 | | | |
| 0.8 | 0.25 | 0.24 | 0.21 | 0.22 | 0.19 | 0.20 | 0.19 | 0.19 |
| 1.0 | 0.22 | 0.21 | 0.19 | 0.20 | 0.17 | 0.18 | 0.17 | 0.17 |
| 1.2 | 0.20 | 0.19 | 0.18 | 0.18 | 0.16 | 0.16 | 0.16 | 0.16 |
| 1.4 | 0.19 | 0.18 | 0.16 | 0.17 | 0.15 | 0.15 | 0.15 | 0.14 |
| 1.6 | 0.18 | 0.17 | 0.15 | 0.15 | 0.14 | 0.14 | 0.14 | 0.13 |
| 1.8 | 0.17 | 0.16 | 0.14 | 0.15 | 0.13 | 0.12 | 0.13 | 0.13 |
| 2.0 | 0.16 | 0.15 | 0.13 | 0.14 | 0.12 | 0.13 | 0.12 | 0.12 |
| 2.5 | | | | 0.12 | 0.11 | 0.11 | 0.11 | 0.11 |
| 3.0 | | | | 0.11 | 0.10 | 0.10 | 0.09 | 0.09 |
| 4.0 | | | | | | 0.09 | 0.08 | 0.08 |
| 5.0 | | | | | | 0.08 | | 0.08 |

表 4-29  高速钢铰刀铰锥孔的进给量及切削速度（材料：灰铸铁）

| 孔径 $d$/mm | 进给量 $f$/(mm·r$^{-1}$) | | 切削速度 $v$/(m·s$^{-1}$) | |
|---|---|---|---|---|
| | 粗铰 | 精铰 | 粗铰 | 精铰 |
| 5 | 0.08 | 0.08 | | |
| 10 | 0.15 | 0.10 | | |
| 15 | 0.20 | 0.15 | | |
| 20 | 0.25 | 0.18 | $0.13\sim0.16$ | $0.08\sim0.1$ |
| 30 | 0.35 | 0.25 | | |
| 40 | 0.40 | 0.30 | | |
| 50 | 0.50 | 0.40 | | |
| 60 | 0.60 | 0.45 | | |

## 4.3.4 镗孔切削用量

### 1. 进给量计算

高速钢及硬质合金镗刀进给量可查表4-30。

表4-30 高速钢及硬质合金镗刀进给量（材料：灰铸铁）

| 镗孔直径 $d$/mm | 背吃刀量 $a_p$ /mm | 粗加工 | | | | 精加工 | 光整加工 |
|---|---|---|---|---|---|---|---|
| | | 刀杆伸出长度/mm | | | | | |
| | | 100 | 200 | 300 | 500 | | |
| | | 进给 $f$/(mm·r$^{-1}$) | | | | | |
| 20 | 2.0 | 0.10~0.20 | 0.08~0.15 | — | — | — | — |
| | 0.5 | | | | | 0.10~0.20 | 0.05~0.1 |
| 40 | 3.0 | 0.2~0.40 | 0.15~0.30 | 0.10~0.20 | | — | — |
| | 0.5 | | | | | 0.10~0.20 | 0.05~0.1 |
| 60 | 3.0 | 0.25~0.50 | 0.20~0.40 | 0.15~0.3 | | — | — |
| | 5.0 | 0.20~0.40 | 0.15~0.30 | 0.10~0.2 | | — | — |
| | 0.5 | | | | | 0.15~0.25 | 0.05~0.1 |
| 80 | 3.0 | 0.35~0.70 | 0.25~0.50 | 0.20~0.40 | | — | — |
| | 5.0 | 0.25~0.50 | 0.20~0.40 | 0.15~0.25 | | — | — |

### 2. 切削速度计算

高速钢镗刀（W18Cr4V）的切削速度可取 0.2~0.4m/s（加工材料：灰铸铁，不加切削液）。

## 4.3.5 锪孔切削用量

### 1. 进给量计算

锪钻锪端面的进给量可查表4-31。

### 2. 切削速度计算

高速钢埋头锪钻及平头锪钻（刀具材料：W18Cr4V）工作时的切削速度可取 0.2~0.41m/s（加工材料：灰铸铁，不加切削液）。

表4-31 锪钻锪端面的进给量（材料：灰铸铁）

| 孔径/mm | 进给量 $f$/(mm·s$^{-1}$) | 孔径/mm | 进给量 $f$/(mm·s$^{-1}$) |
|---|---|---|---|
| 15 | 0.10~0.15 | 60 | 0.20~0.30 |
| 20 | 0.10~0.15 | 70 | 0.20~0.35 |
| 30 | 0.12~0.20 | 80 | 0.25~0.40 |
| 40 | 0.15~0.25 | 90 | 0.25~0.40 |
| 50 | 0.15~0.25 | 100 | 0.25~0.50 |

# 4.4 插削加工

### 1. 进给量计算

插床插槽的进给量可查表 4-32。

### 2. 切削速度计算

插床插削的切削速度、切削力及切削功率可查表 4-33。

**表 4-32　插床插槽的进给量**（材料：灰铸铁）

| 工艺系统刚度情况 | 槽的长度 /mm | 槽宽 B/mm | | | |
|---|---|---|---|---|---|
| | | 5 | 8 | 10 | >10 |
| | | 进给量 f/（mm/双行程） | | | |
| 足够 | | 0.22~0.27 | 0.28~0.32 | 0.30~0.36 | 0.35~0.40 |
| 不足<br>（加工零件孔径<br><100mm 孔内的槽） | 100 | 0.18~0.22 | 0.20~0.24 | 0.22~0.27 | 0.25~0.30 |
| | 200 | 0.13~0.15 | 0.13~0.16 | 0.18~0.21 | 0.20~0.24 |
| | >200 | 0.10~0.12 | 0.12~0.14 | 0.14~0.17 | 0.16~0.20 |

**表 4-33　插床插削的切削速度、切削力及切削功率**（材料：灰铸铁）

| 进给量 f/（mm/双行程） | 切削速度 v/（m·s⁻¹） | 切削力 $F_z$/N | 切削功率 $P_m$/kW |
|---|---|---|---|
| 0.08 | 0.22 | 123 | 0.04 |
| 0.1 | 0.19 | 186 | 0.04 |
| 0.15 | 0.17 | 263 | 0.04 |
| 0.25 | 0.15 | 387 | 0.06 |
| 0.3 | 0.13 | 470 | 0.06 |
| 0.46 | 0.11 | 716 | 0.08 |

# 4.5 拉削加工

### 1. 进给量计算

拉削进给量可查表 4-34。

**表 4-34　拉削进给量**（齿升量）（材料：灰铸铁）

| 拉刀型式 | 齿升量/（mm/齿） |
|---|---|
| 圆柱拉刀 | 0.03~0.08 |
| 矩形齿花键拉刀 | 0.04~0.10 |
| 三角形及渐开线花键拉刀 | 0.04~0.08 |
| 键及槽拉刀 | 0.05~0.20 |
| 直角及平面拉刀 | 0.06~0.20 |
| 型面拉刀 | 0.03~0.08 |
| 正方形及六角形拉刀 | 0.03~0.15 |
| 各种类型的渐进拉刀 | 0.03 |

## 2. 切削速度计算

拉削的切削速度可查表 4-35。

表 4-35 拉削的切削速度

| 材料硬度 HBW | 圆柱孔 | | 花键孔 | | 外表面及键槽 | |
| --- | --- | --- | --- | --- | --- | --- |
| | $Ra1.6$ 或 IT7 | $Ra3.2$、$Ra6.3$ 或 IT9 | $Ra1.6$ 或 IT7 | $Ra3.2$、$Ra6.3$ 或 IT9 | $Ra1.6$ 或公差范围 $0.03 \sim 0.05$mm | $Ra3.2$、$Ra6.3$ 或公差 $>0.05$mm |
| | 拉削速度/($m \cdot s^{-1}$) | | | | | |
| $\leqslant 180$ | $0.1 \sim 0.06$ | $0.13 \sim 0.09$ | $0.08 \sim 0.06$ | $0.13 \sim 0.08$ | $0.116 \sim 0.06$ | $0.16 \sim 0.08$ |
| $>180$ | $0.06 \sim 0.058$ | $0.116 \sim 0.08$ | $0.075 \sim 0.05$ | $0.116 \sim 0.08$ | $0.1 \sim 0.06$ | $0.13 \sim 0.1$ |

# 机床夹具设计

要求：每个同学设计一套中等或中等以上复杂程度的夹具，一般是车床夹具、铣床夹具或钻模，从自己编制的工序中挑选，经指导教师批准后即可进行设计。

## 5.1 夹具设计与计算

### 5.1.1 夹具的生产过程

夹具的一般生产过程如图 5-1 所示，进行夹具生产的任务来源是：工艺人员在编制工艺规程时需要设计某些工序的专用夹具，并提出相应的夹具设计任务书。该任务书应有设计理由、使用车间、使用设备及需使用夹具工序的工序图等。工序图上须标明本道工序的加工要求、定位面和夹压点。

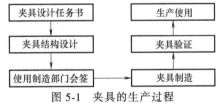

图 5-1　夹具的生产过程

夹具设计人员在做了相应的准备工作后，就可进行夹具结构设计。完成夹具结构设计之后，由夹具使用部门、制造部门就夹具的使用性能、结构合理性、结构工艺性及经济性等方面进行审核后交付制造。制成的夹具要由设计人员、工艺人员、使用部门、制造部门等各方人员进行验证。若该夹具的确能满足该道工序的加工要求，就可交付生产使用。

### 5.1.2 设计夹具的基本要求

1）满足使用要求，应保证工件装夹时定位可靠、夹紧牢固，并能保证精度要求。

2）良好的结构工艺性，所设计的夹具应便于制造、装配、调整、维修，且便于加工中切屑的清理。

3）使用安全省力，操作方便，有利于实现优质、高产、低耗，改善劳动条件。

4）应尽量使用标准件、通用件、借用件等，以提高标准化、通用化、系列化水平，降低生产成本。

### 5.1.3 几种常用夹具的设计要点

1）车床夹具。车床夹具与车床主轴相连，工作时，夹具随同车床主轴一起旋转，速度一般比较高，因此，车床夹具要力求紧凑、轻便，且回转平衡。安全问题最重要，因此夹紧要可靠，一般不用活动件，还要防止锐边、棱角伤人，高速切削应考虑设置防护罩。

2）铣床夹具。铣削特点是不连续切削、余量大、切削力大且大小和方向随时间变化，易振动。因此，夹具设计重心要低，刚度、强度要高，夹紧要可靠，夹紧力大，自锁性好。安全方面，为方便对刀，一般设有对刀装置。

3）钻床夹具。钻床夹具种类多，有固定式、移动式、翻转式、回转式等，但统称为"钻模"。钻模中设有钻模板，有刀具导引元件——钻套，钻套有固定、可换、快换、速换、标准及特型等多种型式。设计钻模关键是要根据工件尺寸、重量、材料、加工要求及生产类型等来正确选择钻套的类型，主要技术问题是引导精度和排屑。

## 5.1.4 设计因素分析

### 1. 工件因素

夹具的尺寸和重量主要取决于工件的形状和尺寸，其次是工件材料。易切削材料，切削力小，夹紧力小，刚度要求低，设计的夹具轻便，难切削材料则相反。工件的加工精度决定了夹具的制造公差。生产批量决定了夹具的结构要素，工件生产批量大，夹具要求完善，自动化程度高。某些夹具元件（如定位、导向件）要考虑可调可换。

工件定位面的质量影响定位精度和夹具定位元件，而夹紧面影响夹紧变形和夹紧可靠性，对精加工过的表面，应防止压痕夹伤，所以应考虑压头的形状和材质硬度，必要时应加垫片保护工件。

### 2. 机床和刀具因素

机床决定夹具类型，同时也固定了夹具与机床的连接方式和连接尺寸，机床的操作空间限制了夹具尺寸的大小，刀具的类型、结构尺寸、制造精度是夹具对刀导引元件的设计依据。

### 3. 操作因素

多数夹具是由工人操作的，设计者要有"人机工程"概念，从操作方位、工件高低、夹紧力度、视觉效果、色彩和安全等方面处处为操作者着想。而对于安全的考虑，应当渗透到每一个设计细节，特别是车、铣夹具，干涉碰撞、工件松脱等会导致严重事故，夹具上的锐边和棱角会使人致伤。应时刻牢记：没有安全保障的夹具是绝对不可采用的。

## 5.1.5 设计方案及其优化

夹具设计影响因素很多，可行方案也是很多的，甚至最佳者往往都不止有一个，需要权衡取舍。因此要制订几个方案，通过对比优化确定你认为的最佳方案，制订的几个设计方案要用草图给出，以便讨论和修改。

在夹具设计完成后，应整理出夹具设计计算书和使用说明书，其主要内容包括：有关设计计算过程，包括定位面的选择过程，关键尺寸的计算，某些尺寸的尺寸换算及误差计算，对工件工序尺寸公差的误差分析，夹紧力的分析和计算，有些零部件必要时还应进行强度、刚度、稳定性等校核。此外还要求编制夹具操作过程说明及注意事项，有关夹具调整、维修、保养的要求和说明。要求计算过程及结果正确，文字叙述有条理，语言通顺、简练，文图清晰、工整。

# 5.2 夹具结构与绘图

## 5.2.1 夹具结构方案的确定

确定夹具结构方案主要包括：

1）确定工件的定位方式，选择或设计定位元件，计算定位误差。

2）确定工件的夹紧方式，选择或设计夹紧机构，计算夹紧力。

3）确定刀具的导引方式及导引元件（钻床类夹具）。

4）确定其他装置（如分度装置、工件顶出装置等）的结构型式。

5）确定夹具体的结构型式。确定夹具体的结构型式时，应同时考虑连接元件的设计。铣床类夹具除连接元件外，还应考虑对刀方式的确定，并选择或设计对刀元件。

在确定夹具组成部分的结构时，一般都会提出几种不同的方案，应分别画出草图，进行分析比较，从中选择较为合理的方案供审查。

## 5.2.2 夹具装配图设计

绘制夹具装配图要按机械制图国家标准，绘图比例一般取 1:1。

绘图前应先确定主要视图的数目，并合理进行视图布局，同时要考虑留出明细表、技术要求等的位置，使图面清晰、协调、美观。

绘图时，主视图应按面对操作者的工作位置绘制，工件处于夹紧状态。

绘制夹具装配图一般先绘制工件，用细双点画线（手工绘图时也可用红笔）画出工件轮廓线，图中的工件视作假想"透明体"，无遮挡作用，不影响夹具的绘制。

装配图上工件的定位面、夹紧面和被加工表面应清楚表达出来，在相应视图上加工余量用网纹表示，也可用粗实线表达。

绘图顺序一般为：工件→定位元件→导引元件（钻床类夹具）→夹紧装置→其他装置→夹具体。

夹具装配图上的明细表应包含：序号、名称、代号（指标准件号或通用件号）、数量、材料、热处理、重量等。

### 1. 尺寸标注

夹具总装配图上应标注的尺寸随夹具的不同而不同，一般情况下，在夹具总装配图上应标注如下 5 种最基本的尺寸。

1）夹具外形轮廓尺寸。一般是指夹具的最大外形轮廓尺寸。当夹具结构中有可动部分时，还应包括可动部分处于极限位置时在空间中所占尺寸。例如，夹具上有超出夹具体外的旋转部分时，应注出最大旋转半径；有升降部分时，应注出最高、最低位置，以表明夹具的轮廓大小和运动范围，便于检查夹具与机床、刀具的相对位置有无干涉现象和在机床上安装的可能性。

2）工件与定位元件间的联系尺寸。这种尺寸通常是指工件定位基准与定位元件间的配合尺寸。例如，定位基准孔与定位销（或心轴）间的配合尺寸，不仅要标出基本尺寸，而且还要标注精度等级和配合种类。

3）夹具与刀具的联系尺寸。这种尺寸是用来确定夹具上对刀引导元件的位置的。例如，对刀元件与定位元件间的位置尺寸；引导元件与定位元件间的位置尺寸（一般只需注出一个钻（镗）套与定位元件间的位置尺寸即可），以及钻（镗）套与刀具导向部分的配合尺寸。

4）夹具与机床连接部分的尺寸。这种尺寸表示夹具如何与机床有关部分连接，从而确定夹具在机床上的正确位置。例如，对于铣、刨夹具，应标注定位键与机床工作台的 T 形槽的配合尺寸；对于车床、圆磨床夹具，则应标注夹具与机床主轴端的连接尺寸。标注尺寸时，还应以夹具上的定位元件作为相互位置尺寸的基准。

5）其他装配尺寸。这种尺寸是夹具内部的配合尺寸，以及某些夹具元件在装配后需要保持的相关尺寸。例如，定位元件与定位元件之间的尺寸，引导元件与引导元件之间的尺寸。

夹具装配图上还应标注夹具有关尺寸和公差，包括：

1）夹具中与工件尺寸有关的尺寸，工件的平均尺寸为其基本尺寸，注双向对称偏差。

2）夹具的总误差，包括定位、制造、调整等一般不超过工序公差的 1/3。

3）从夹具的可靠性和寿命着眼，须考虑夹具使用中的磨损补偿。

**2．技术条件标注**

夹具装配图上要标注的技术条件主要是相关的位置精度要求：

1）定位元件之间或定位元件与夹具体底面间的位置要求，其作用是调整工件的加工面与工件的定位基准面之间的位置精度。

2）定位元件、对刀元件与连接元件（定向键）或找正基准面间的位置精度。

3）定位元件与对刀导引元件之间的位置精度要求。

对于要用特殊方法进行加工或装配才能达到图样要求的夹具，必须在夹具的总装配图上注以制造说明。其内容一般包括以下几方面：

1）必须先进行装配或装配一部分以后再进行加工的表面。

2）用特殊方法加工的表面。

3）新型夹具的某些特殊结构。

4）某些夹具手柄的特殊位置。

5）制造时需要相互配作的零件。

6）气、液压动力部件的试验技术要求。

为了正确合理地使用与保养夹具，有些夹具图中尚需注以使用说明，主要有：多工位加工的加工顺序，装夹多种工件的说明，同时使用的通用夹具或转台，夹紧力的大小、夹紧的顺序、夹紧的方法，还应有使用中的安全注意事项、调整方法及保养方法等。

## 5.2.3　夹具零件图设计

根据已绘制的装配图，就可绘制零件图。绘制夹具零件图时应注意以下问题：

1）零件图的投影应尽量与装配图上的投影位置相符合，便于读图和核对。

2）零件的形状、尺寸、相互位置精度、表面粗糙度、材料、热处理及表面处理要求等都应清楚表达。

3）尺寸标注应完善、清楚，为保证零件的加工要求，尺寸标注时应考虑该零件的加工工艺，以避免或减少尺寸换算引入误差，同一工种加工表面的尺寸应尽量集中标注。

4) 对于可在装配后用组合加工来保证的尺寸，应在其尺寸数值后注明"按装配图"字样，如钻套之间、定位销之间的尺寸等。

### 5.2.4 夹具体设计

#### 1. 夹具体设计的基本要求

夹具总体设计中最后完成的主要元件是夹具体。夹具体是夹具的基础元件。

组成夹具的各种元件、机构、装置都要安装在夹具体上。在加工过程中，它是切削力、夹紧力、惯性力及由此产生的振动和冲击的主要承力部件，而且设计制造困难，生产成本高、周期长，所以设计时要给予足够的重视。

夹具体设计时应满足如下基本要求：

1) 足够的刚度和强度。

2) 夹具安装稳定。

3) 结构工艺性良好。

4) 便于清除切屑。

设计夹具体时的首要问题是正确选择夹具体毛坯的制造方法。在选择夹具体毛坯时，应考虑毛坯的生产周期、工艺性、成本、抗振性、刚度等几方面的因素。

#### 2. 毛坯结构

常见的毛坯结构有下列三种：

（1）铸造结构　铸件优点是工艺性好，可铸出各种复杂的型面，抗压强度大，刚度和抗振性都较好，因而可用于加工时切削载荷较大的场合。此外，铸件易加工，且材料成本低。但铸件生产周期长，铸造的圆角与起模斜度等结构要素影响铸件空间尺寸。铸造夹具体材料，一般选用 HT150 或 HT200 两种。由于铸造内应力缘故，对铸件必须进行时效处理。

零件尺寸公差取值参考表 5-1。

表 5-1　零件尺寸公差取值参考表

| 夹具体零件尺寸 | 公差数据 |
| --- | --- |
| 对应于工件未注尺寸公差的直线尺寸 | ±0.1mm |
| 对应于工件未注角度公差的角度 | ±10′ |
| 对应于工件标注公差的直线尺寸或位置公差 | (1/2~1/5)工件相应公差 |
| 夹具体上找正基面与安装工件的平面间的垂直度 | 0.01mm |
| 找正基面的直线度与平面度 | 0.005mm |
| 紧固件用的孔中心距公差 | ±0.1mm　$L \leqslant 150$mm<br>±0.15mm　$L > 150$mm |

（2）焊接结构　焊接结构容易制造、生产周期短、成本低。焊接夹具体一般由钢板、型材经焊接而成，比同等体积的铸造夹具体轻，但刚度和抗振性稍差，且在焊接过程中要产生热变形及残余应力，故焊完后须进行退火处理。此外，焊接夹具体不易获得复杂的外形，且焊缝影响其空间位置尺寸。

（3）装配结构　装配夹具体是选用夹具专用标准毛坯件或标准零件，根据使用要求组装而成，可得到精确的外形和空间位置尺寸。标准毛坯件和标准零件可组织专业化生产，这样可以缩短夹具体的制造周期，降低生产成本。要使装配夹具体在生产中得到广泛应用，必须实现夹具体零部件的标准化、系列化。

确定夹具体形状和尺寸，夹具体的外形主要取决于安装在夹具体上的各种元件、机构和装置的形状及它们之间的布置位置。设计时，只要将组成该夹具的所有元件、机构和装置的结构及尺寸都设计好并布置好它们在图纸上的位置，就可由此勾画出夹具体的大致外形轮廓尺寸。再针对不同的毛坯结构，确定夹具体各部分的壁厚，如铸造结构的夹具体，壁厚一般可取 8~25mm，过厚处采取挖空等措施，焊接件注意不能使用大实体结构。在夹具体设计时还要注意所设计的夹具体应有足够的强度和刚度，有良好的结构工艺性。

表5-2列出了夹具体结构尺寸的经验数据。

**表 5-2　夹具体结构尺寸的经验数据**

| 夹具体结构部分 | 壁厚 $h$ | 加强筋厚度 | 加强筋高度 | 铸造圆角 |
|---|---|---|---|---|
| 经验数据 | 8~25mm | $(0.7 \sim 0.9)h$ | 不大于 $5h$ | $R = (1/5 \sim 1/10)(h_1 + h_2)$ |

注：式中 $h_1$、$h_2$ 为圆角相连处的壁厚。

### 5.2.5　图样审核

夹具装配图和零件图绘制完后，还要对图样进行必要的审核。主要注意以下几个方面：

1）结构方面。夹具应有合理的结构，否则会影响工作，甚至不能工作；要稳定可靠，有足够的强度和刚度，必要时要附加增加刚度的措施，如铸件应选用合理的截面形状及适当布置加强筋，焊接件加焊接加强筋或在结合面上加紧固螺钉等。

2）受力方面。夹具的受力部分应直接由夹具体承受，避免通过紧固螺钉受力。夹紧装置的设计，应尽量使夹紧力在夹具体一个构件上得到平衡。同时夹具结构应具有良好的零件加工工艺性和装配工艺性。

3）磨损方面。注意材料及热处理方法的合理选择，增加易损件的耐磨性。

4）在线测量。夹具结构应充分考虑测量与检验问题，便于操作者在加工中及时测量和检验加工尺寸等。

### 5.2.6　标准化审查

标准化审查是图样质量控制的关键环节，可保证图样符合国家标准及其他标准的规定。主要审查以下几个方面：

1）图纸的幅面、格式。

2）图纸中所用的术语、符号、代号和计量单位。

3）标题栏、明细栏的填写。

4）图样的绘制和尺寸标注。

5）有关尺寸、尺寸公差、几何公差和表面粗糙度。

6）选用的零件结构要素。

7）选用的材料、标准件。

8）是否正确选用了标准件、通用件和借用件。

## 5.3　夹具的公差与配合

### 5.3.1　夹具上常用配合的选择

夹具上常用配合的选择可查表 5-3。

表 5-3　夹具上常用配合的选择

| 配合型式 | 精度要求 | | 示例 |
|---|---|---|---|
| | 一般精度 | 较高精度 | |
| 定位元件与工件定位基准间 | H7/h6,H7/g6,H7/f7 | H6/h5,H6/g5,H6/f5 | 定位销与工件基准孔 |
| 有引导作用并有相对运动的元件间 | H7/h6,H7/g6,H7/f7<br>H7/h6,G7/g6,F7/h6 | H6/h5,H6/g5,H6/f6<br>H6/h5,G6/h5,F6/h5 | 滑动定位件、刀具与导套 |
| 无引导作用并有相对运动的元件间 | H7/f9,H9/d9 | H7/d8 | 滑动夹具底座板 |
| 没有相对运动的元件间 | H7/n6,H7/p6,H7/r6,H7/s6,H7/u6,H7/t7(无紧固件)<br>H7/m6,H7/k6,H7/js6,H7/m7,H8/k7(有紧固件) | | 固定支承钉、定位销 |

夹具总装配图上标注的定位元件之间，定位元件与引导元件或对刀元件之间，以及其他相关尺寸（如孔间距离）和相互位置（如同轴度、垂直度、平行度等）的公差，一般取工件上相应公差的 1/5~1/2，最常用的是 1/3~1/2。

表 5-4 中列出了各种机床夹具的公差与被加工工件公差的关系，供设计时参考。

表 5-4　按工件公差选取夹具公差

| 夹具型式 | 工件被加工尺寸的公差/mm | | | | |
|---|---|---|---|---|---|
| | 0.03~0.10 | 0.10~0.20 | 0.20~0.30 | 0.30~0.50 | 自由尺寸 |
| 车床夹具 | 1/4 | 1/4 | 1/5 | 1/5 | 1/5 |
| 钻床夹具 | 1/3 | 1/3 | 1/4 | 1/4 | 1/5 |
| 镗床夹具 | 1/2 | 1/2 | 1/3 | 1/3 | 1/5 |

车床心轴的配合和公差的选择可查表 5-5。

表 5-5　车床心轴的配合和公差

| 特点 | 加工特点 | 配合种类和公差等级 |
|---|---|---|
| 刚性心轴 | 精加工 | h5、g5、h6 |
| | 一般加工 | h6、g6、f7 |
| 弹性胀开式心轴 | 精加工 | h6、g6、f7 |
| | 一般加工 | f7、e8 |

各组成元件工作表面相互位置精度通常采用的有 0.01/100、0.02/100、0.03/100、0.05/100。

表 5-6 和表 5-7 中分别是按照工件的直线尺寸公差和角度公差确定夹具相应公差的参考数据。

**表 5-6 按照工件的直线尺寸公差确定夹具相应尺寸公差的参考数据** (单位：mm)

| 工件尺寸公差 | | 夹具尺寸公差 | 工件尺寸公差 | | 夹具尺寸公差 |
|---|---|---|---|---|---|
| 由 | 至 | | 由 | 至 | |
| 0.008 | 0.01 | 0.005 | 0.20 | 0.24 | 0.08 |
| 0.01 | 0.02 | 0.006 | 0.24 | 0.28 | 0.09 |
| 0.02 | 0.03 | 0.010 | 0.28 | 0.34 | 0.10 |
| 0.03 | 0.05 | 0.015 | 0.34 | 0.45 | 0.15 |
| 0.05 | 0.06 | 0.025 | 0.45 | 0.65 | 0.20 |
| 0.06 | 0.07 | 0.030 | 0.65 | 0.90 | 0.30 |
| 0.07 | 0.08 | 0.035 | 0.90 | 1.30 | 0.40 |
| 0.08 | 0.09 | 0.040 | 1.30 | 1.50 | 0.50 |
| 0.09 | 0.10 | 0.045 | 1.50 | 1.80 | 0.60 |
| 0.10 | 0.12 | 0.050 | 1.80 | 2.00 | 0.70 |
| 0.12 | 0.16 | 0.060 | 2.00 | 2.50 | 0.80 |
| 0.16 | 0.20 | 0.070 | 2.50 | 3.00 | 1.00 |

**表 5-7 按照工件的角度公差确定夹具相应角度公差的参考数据**

| 工件角度公差 | | 具角度公差 | 工件角度公差 | | 夹具角度公差 |
|---|---|---|---|---|---|
| 由 | 至 | | 由 | 至 | |
| 0°00′50″ | 0°01′30″ | 0°00′30″ | 0°20′ | 0°25′ | 0°10′ |
| 0°01′30″ | 0°02′30″ | 0°01′00″ | 0°25′ | 0°35′ | 0°12′ |
| 0°02′30″ | 0°03′30″ | 0°01′30″ | 0°35′ | 0°50′ | 0°15′ |
| 0°03′30″ | 0°04′30″ | 0°02′00″ | 0°50′ | 1°00′ | 0°20′ |
| 0°04′30″ | 0°06′00″ | 0°02′30″ | 1°00′ | 1°30′ | 0°30′ |
| 0°06′00″ | 0°08′00″ | 0°03′00″ | 1°30′ | 2°00′ | 0°40′ |
| 0°08′00″ | 0°10′00″ | 0°04′00″ | 2°00′ | 3°00′ | 1°00′ |
| 0°10′00″ | 0°15′00″ | 0°05′30″ | 3°00′ | 4°00 | 1°20′ |
| 0°15′00″ | 0°20′00″ | 0°08′00″ | 4°00′ | 5°00′ | 1°40′ |

钻套的配合和公差的选择可查表 5-8。

夹具设计中，除了规定有关尺寸精度外，还要制定各有关元件之间、各元件的有关表面之间的相互位置精度，以保证整个夹具的工作精度。这些相互位置的精度要求，一般用符号或文字来表示，习惯上统称为技术条件，一般包括以下几个方面。

1）定位元件之间或定位元件对夹具体底面之间的相互位置要求。

2）定位元件与连接元件（或找正基面）间的相互位置要求。

3）对刀元件与连接元件（或找正基面）间的相互位置要求。

4）定位元件与引导元件间的相互位置要求。

以上 4 个方面的技术要求，都是为保证工件相应的加工要求所必需的，而且也是使用车间验收和定期检修夹具工作精度的依据。因此，必须根据具体情况把它们标注在夹具总装配图上。

表 5-8　钻套的配合和公差

| 钻套名称 | 加工方法及<br>配合部位 | | 配合种类和<br>公差等级 | 加工方法及<br>配合部位 | | 配合种类和<br>公差等级 |
|---|---|---|---|---|---|---|
| 衬套 | 外径与钻模板 | | H7/r6、H7/n6、H6/n5 | 内径 | | H7、H6 |
| 固定钻套 | 外径与钻模板 | | H7/r6、H7/n6 | 内径 | | G7、F8 |
| 可换钻套<br>快换钻套 | 钻孔及扩孔 | 外径与衬套 | H7/g6、H7/f7 | 粗铰孔 | 外径与衬套 | H7/g6、H7/h6 |
| | | 刀具切削部分导向 | H7/h6、G7/h7 | | 内径 | G7/h6、H7/h6 |
| | | 刀柄或刀杆导向 | H7/f7、H7/g6 | 精铰孔 | 外径与衬套 | H6/g5、H6/h5 |
| | | | | | 内径 | G6/h5、H6/h5 |

凡与工件加工要求直接有关者，其位置误差数值可按工件加工技术条件所规定数值的 1/5～1/2 选取；若与工件加工要求无直接关系，可参考表 5-9 酌情制定。

表 5-9　夹具技术条件数值　　　　　　　　（单位：mm）

| 技术条件 | 参考数值 |
|---|---|
| 同一平面上的支承钉或支承板的等高公差 | 不大于 0.02 |
| 定位元件工作表面对定位键槽侧面的平行度或垂直度 | 不大于 0.02/100 |
| 定位元件工作表面对夹具体底面的平行度或垂直度 | 不大于 0.02/100 |
| 钻套轴线对夹具体底面的垂直度 | 不大于 0.05/100 |
| 镗模前后镗套的同轴度 | 不大于 0.02 |
| 对刀块工作表面及对定位元件工作表面的平行度或垂直度 | 不大于 0.03/100 |
| 对刀块工作表面及对定位键槽侧面的平行度或垂直度 | 不大于 0.03/100 |
| 车、磨夹具的找正基面对其回转中心的径向圆跳动 | 不大于 0.02 |

## 5.3.2　车床、外圆磨床夹具的主要技术条件

车床、外圆磨床夹具多为心轴类与卡盘类夹具，常以工件的内孔或外圆表面作为定位基准。因此，在这些夹具中，为确定工件基准孔或外圆的正确位置所采用的定位元件的尺寸及几何公差，就构成了这类夹具的主要技术条件。一般包括以下几方面。

1）与工件配合的圆柱面（即定位表面）对其中心线或相当于中心线的同轴度。

2）工件与夹具心轴为双重配合时（如阶梯圆柱面配合）应提出双重配合部分的同轴度。

3）定位表面与其轴向定位台肩的垂直度。

4）夹具定位表面对夹具在机床上安装定位基面的垂直度或平行度。

5）定位表面的直线度和平面度或等高性。

6）各定位表面间的垂直度或平行度。

心轴类夹具按其定位部分的结构型式分为刚性心轴和弹性心轴两种。刚性心轴与工件定位基准孔之间保持一定的配合间隙，配合间隙越小，定位精度越高。弹性心轴与工件基准孔之间的配合间隙靠定位部分的均匀胀开消除，所以，这种心轴的制造公差可以适当放宽。

表 5-10 所示是车床心轴的制造公差。夹具上的基本尺寸是工件基准孔的最小尺寸。

表 5-10　车床心轴的制造公差 （单位：mm）

| 工件的定位直径 | 定位元件的结构型式 | | | |
| --- | --- | --- | --- | --- |
| | 刚性心轴 | | 弹性心轴 | |
| | 精加工 | 一般加工 | 精加工 | 一般加工 |
| 0~10 | −0.005<br>−0.01 | −0.023<br>−0.045 | −0.013<br>−0.027 | −0.035<br>−0.060 |
| 10~18 | −0.006<br>−0.018 | −0.030<br>−0.055 | −0.016<br>−0.033 | −0.045<br>−0.075 |
| 18~30 | −0.008<br>−0.022 | −0.040<br>−0.070 | −0.020<br>−0.040 | −0.060<br>−0.095 |
| 30~50 | −0.010<br>−0.027 | −0.050<br>−0.085 | −0.025<br>−0.050 | −0.075<br>−0.115 |
| 50~80 | −0.012<br>−0.032 | −0.060<br>−0.105 | −0.030<br>−0.060 | −0.095<br>−0.145 |
| 80~120 | −0.015<br>−0.038 | −0.080<br>−0.125 | −0.040<br>−0.075 | −0.120<br>−0.175 |
| 120~180 | −0.018<br>−0.045 | −0.100<br>−0.155 | −0.050<br>−0.090 | −0.150<br>−0.210 |
| 180~260 | −0.022<br>−0.052 | −0.120<br>−0.180 | −0.060<br>−0.105 | −0.180<br>−0.250 |

心轴可用其顶尖孔安装在机床上，也可用带锥度的尾柄直接插入机床主轴的锥孔内。因此，心轴的定位表面对回转中心线的径向全跳动公差应加以规定。表 5-11 所示是定位元件的定位表面对其回转中心线的径向全跳动公差。

表 5-11　心轴类、车床、磨床夹具径向全跳动公差 （单位：mm）

| 工件径向全跳动公差 | 定位元件定位表面对回转中心线的径向全跳动公差 | |
| --- | --- | --- |
| | 心轴类夹具 | 一般车床、磨床夹具 |
| 0.05~0.10 | 0.005~0.01 | 0.01~0.02 |
| 0.10~0.20 | 0.01~0.015 | 0.02~0.04 |
| 0.20 以上 | 0.015~0.03 | 0.04~0.06 |

### 5.3.3　钻床、镗床夹具的主要技术条件

在钻床、镗床上加工孔和孔系时，其尺寸精度和相对位置精度是靠导套的精度和导套与导套间的位置精度来保证的。

　　导套内径的基本尺寸即为刀具上极限尺寸，其公差按基轴制配合制定。钻孔、扩孔和粗铰孔取 F8 或 G7；精铰孔取 G7 或 G6。如果刀具不是用切削部分而是用圆柱部分（如接长的扩孔钻、铰刀等）导向时，也允许采用基孔制的相应配合，即孔用 H7，轴用 f7、g6、g5。

　　导套内、外圆的同轴度公差一般不超过 0.005mm。

　　导套与导套间的位置精度，可通过相应的技术要求保证。钻床、镗床夹具的主要技术要求，一般包括以下几方面。

　　1）定位表面对夹具安装基面的垂直度或平行度。

　　2）导套中心对定位表面和夹具的安装基面的垂直度或平行度（可参考表 5-12）。

　　3）同轴线导套的同轴度。

　　4）定位表面的直线度和平面度或等高性。

　　5）定位表面和导套轴线对校正基面的垂直度或平行度。

　　6）各被加工表面间（即各导套间），被加工表面与定位表面间的尺寸要求及相互位置要求（可参考表 5-13）。

表 5-12　导套中心对定位表面和夹具的安装基面每 100mm 的相互位置要求

（单位：mm）

| 工件加工孔对定位表面的垂直度要求 | 导套中心线对夹具安装基面的垂直度要求 |
| --- | --- |
| 0.05~0.10 | 0.01~0.02 |
| 0.10~0.25 | 0.02~0.05 |
| 0.25 以上 | 0.05 |

表 5-13　导套中心距或导套中心到定位表面间的制造公差　（单位：mm）

| 工件孔中心距或孔中心到基面的公差 | 导套中心距或导套中心到定位表面间的制造公差 | |
| --- | --- | --- |
| | 平行或垂直时 | 不平行不垂直时 |
| ±0.05~±0.10 | ±0.005~±0.02 | ±0.005~±0.015 |
| ±0.10~±0.25 | ±0.02~±0.05 | ±0.015~±0.035 |
| ±0.25 以上 | ±0.05~±0.10 | ±0.035~±0.08 |

## 5.3.4　铣床、刨床夹具的主要技术条件

　　铣床、刨床夹具的技术条件，一般包括以下几方面。

　　1）定位表面对夹具安装基面的垂直度或平行度。

　　2）定位表面（导向面）或中心线对定位键工作面（或找正基面）的平行度或垂直度。

　　3）定位表面的平面度和直线度或支承板的等高性。

　　4）定位表面间的垂直度或平行度。

　　5）对刀块工作表面到定位表面距离的制造公差。按工件公差确定夹具对刀块到定位表面制造公差见表 5-14。对刀块工作面、定位表面和定位键侧面间的技术要求见表 5-15。

表 5-14　按工件公差确定夹具对刀块到定位表面的制造公差　　（单位：mm）

| 工件的公差 | 对刀块对定位表面的相互位置 | |
| --- | --- | --- |
| | 平行或垂直时 | 不平行或不垂直时 |
| -0.1~+0.1 | ±0.02 | ±0.015 |
| ±0.1~±0.25 | ±0.05 | ±0.035 |
| ±0.25 以上 | ±0.10 | ±0.08 |

表 5-15　对刀块工作面、定位表面和定位键侧面间的技术要求　　（单位：mm）

| 工件加工面对定位基准的技术要求 | 对刀块工作面及定位键侧面对定位表面的垂直度或平行度（每100mm） |
| --- | --- |
| 0.05~0.10 | 0.01~0.02 |
| 0.10~0.20 | 0.02~0.05 |
| 0.20 以上 | 0.05~0.10 |

# 5.4　夹具零件的公差和技术条件

## 5.4.1　标准夹具零件及部件

机床夹具常用的零件及部件已经标准化（参阅 JB/T 8004—1999，JB/T 8005—1999），可以查得这些零件及部件的结构尺寸、公差等级、表面粗糙度、材料及热处理条件等。其技术要求亦可参阅 JB/T 8044—1999《机床夹具零件及部件技术要求》。

JB/T 8044—1999《机床夹具零件及部件技术要求》规定了适用于相应国家标准和行业标准的零件及部件的技术条件。

（1）一般要求

1）制造零件及部件采用的材料应符合相应的国家标准或行业标准的规定。允许采用力学性能不低于规定牌号的其他材料制造。

2）铸件不允许有裂纹、气孔、砂眼、缩松、夹渣、浇口、冒口、飞边，毛刺应铲平，结疤、粘砂应清除干净。

3）锻件不允许有裂纹、皱折、飞边、毛刺等缺陷。

4）铸件或锻件，在机械加工前应经时效处理或退火、正火处理。

5）零件加工表面不应有锈蚀或机械损伤。

6）热处理后的零件，应清除氧化皮、脏物和油污，不允许有裂纹或龟裂等缺陷。

7）零件的内外螺纹均不得渗碳。

8）加工面未注公差的尺寸，其尺寸公差按 GB/T 1804—2000 中 m 级的规定。

9）未注几何公差的加工面应按 GB/T 1184—1996 中 H 级的规定。

10）经磁力吸盘吸附过的零件应退磁。

11）零件的中心孔应按 GB/T 145—2001 中的规定。

12）零件焊缝不应有未填满的弧坑、气孔、夹渣、基体材料烧伤等缺陷。焊接后应经退火或正火处理。

13）采用冷拉四方钢材、六角钢材或圆钢材（按 GB/T 905—1994）制造的零件，其外形尺寸符合要求时，可不加工。

14）铸件和锻件机械加工余量和尺寸偏差按各行业相应标准的规定。

15）一般情况下，零件的锐边应倒钝。

16）零件滚花按 GB/T 6403—2008 的规定。

17）砂轮越程槽按 GB/T 6405—2017 的规定。

18）普通螺纹基本尺寸应符合 GB/T 196—2003 的规定，其公差和配合按 GB/T 197—2018 规定的中等精度。

19）非配合的锥度和角度的自由公差按 GB/T 1804—2000 中 C 级的规定。

20）图样上未注明的螺纹精度一般选 6H/6g 公差等级。未注明的表面粗糙度为 $Ra3.2\mu m$。

21）螺纹的通孔及沉头座尺寸按 GB/T 152—2014 的规定。

22）普通螺纹收尾及倒角按 GB/T 3—1997 的规定。

23）螺钉的技术要求按 GB/T 3098.3—2016 的规定。

24）螺钉末端按 GB/T 2—2016 的规定。

25）螺母的技术要求按 GB/T 3098.2—2015 的规定。

26）梯形螺纹牙型与基本尺寸应符合 GB/T 5796.3—2005 的规定，其公差应符合 GB/T 5796.4—2005 的规定。

27）偏心轮工作面母线对配合孔的中心线的平行度，在 100mm 长度上应不大于 0.1mm。

28）垫圈的外廓对内孔的同轴度应不大于表 5-16 中的规定。

表 5-16　垫圈的外廓对内孔的同轴度　　　　　　　　　　（单位：mm）

| 公称直径 | 4～8 | 10～12 | 16～20 | >24 |
|---|---|---|---|---|
| 同轴度 | 0.4 | 0.5 | 0.6 | 0.7 |

（2）装配质量

1）装配时各零件均应清洗干净，不得残留有铁屑和其他各种杂物，移动和转动部件应加油润滑。

2）固定连接部位不得松动、脱落；活动连接部位中的各种运动部件应动作灵活、平稳，无阻滞现象。

## 5.4.2　专用夹具零件及部件

专用夹具零件及部件的公差和技术要求可依据夹具总装配图上的配合性质和技术要求，并参照有关行业标准制定，一般包括以下内容。

1）夹具零件毛坯的技术要求，如毛坯质量、硬度、毛坯热处理及精度要求等。

2）夹具零件热处理的技术要求，包括为改善机械加工性能和为达到要求的力学性能而提出的热处理要求。

3）夹具零件的尺寸（角度）公差见表 5-17。

表 5-17 夹具零件的尺寸（角度）公差

| 夹具零件的尺寸（角度） | 公差数值 |
|---|---|
| 对应于工件无尺寸公差的直线尺寸 | ±0.1mm |
| 对应于工件无角度公差的角度 | ±10′ |
| 对应于工件有尺寸公差的直线尺寸 | (1/2～1/5)工件尺寸公差 |
| 紧固件用的孔中心距公差 | ±0.1mm，$L<150$mm<br>±0.1mm，$L>150$mm |
| 夹具体上找正基面与安装元件的平面间的垂直度 | 不大于0.01mm |
| 找正基面的直线度与平面度 | 0.005mm |
| 夹具体、模板、立柱、角铁、定位心轴等零件的平面之间、平面与孔之间、孔与孔之间的平行度、垂直度、同轴度 | 取工件相应公差的一半 |

4）夹具零件主要表面的表面粗糙度。夹具定位元件工作表面的表面粗糙度应比工件定位基准表面的表面粗糙度质量要好。具体取值可参考表 5-18。

表 5-18 夹具零件主要表面的表面粗糙度 Ra　　　（单位：μm）

| 表面形状 | 表面名称 | | 公差等级 | 外圆或外侧面 | 内孔或内侧面 | 举例 |
|---|---|---|---|---|---|---|
| 平面 | 有相对运动的配合表面 | 一般平面 | 7 | 0.4(0.5,0.63) | | T形槽 |
| | | | 8、9 | 0.8(1.0,1.25) | | 活动V形块、叉形偏心轮、铰链两侧面 |
| | | | 11 | 1.6(2.0,2.5) | | 叉头零件 |
| | | 特殊配合 | 精确 | 0.4(0.5,0.63) | | 燕尾导轨 |
| | | | 一般 | 1.6(2.0,2.5) | | |
| | 无相对运动的表面 | | 8、9 | 0.8(1.0,1.25) | 1.6(2.0,2.5) | 定位键侧面 |
| | | | 特殊配合 | 0.8(1.0,1.25) | 1.6(2.0,2.5) | 键两侧面 |
| | 有相对运动的导轨面 | | 精确 | 0.4(0.5,0.63) | | 导轨面 |
| | | | 一般 | 1.6(2.0,2.5) | | |
| | 无相对运动 | 夹具体基面 | 精确 | 0.4(0.5,0.63) | | 夹具体安装面 |
| | | | 中等 | 0.8(1.0,1.25) | | |
| | | | 一般 | 1.6(2.0,2.5) | | |
| | | 安装夹具零件的基面 | 精确 | 0.4(0.5,0.63) | | 安装元件的表面 |
| | | | 中等 | 1.6(2.0,2.5) | | |
| | | | 一般 | 3.2(4.0,5.0) | | |
| 圆柱面 | 有相对运动的配合表面 | | 6 | 0.2(0.25,0.32) | | 快换钻套、手动定位销 |
| | | | 7 | 0.2(0.25,0.32) | 0.4(0.5,0.63) | 导向销 |
| | | | 8、9 | 0.4(0.5,0.63) | | 衬套定位销 |
| | | | 11 | 1.6(2.0,2.5) | 3.2(4.0,5.0) | 转动轴颈 |

（续）

| 表面形状 | 表面名称 | | 公差等级 | 外圆或外侧面 | 内孔或内侧面 | 举例 |
|---|---|---|---|---|---|---|
| 圆柱面 | 无相对运动的配合表面 | | 7 | 0.4(0.5,0.63) | 0.8(1.0,1.25) | 圆柱销 |
| | | | 8、9 | 0.8(4.0,5.0) | 1.6(2.0,2.5) | 手柄 |
| | | | 自由尺寸 | 3.2(4.0,5.0) | | 活动手柄、压板 |
| 锥形表面 | 顶尖孔 | | 精确 | 0.4(0.5,0.63) | | 顶尖、顶尖孔、铰链侧面 |
| | | | 一般 | 1.6(2.0,2.5) | | 导向定位件导向部分 |
| | 无相对运动 | 安装刀具的锥柄和锥孔 | 精确 | 0.2(0.25,0.32) | 0.4(0.5,0.63) | 工具圆锥 |
| | | | 一般 | 0.4(0.5,0.63) | 0.8(1.0,1.25) | 弹簧夹头、圆锥销、轴 |
| | | 固定紧固用 | | 0.4(0.5,0.32) | 0.8(1.0,1.25) | 锥面锁紧表面 |
| 紧固件表面 | 螺钉头部 | | | 3.2(4.0,5.0) | | 螺栓、螺钉 |
| | 穿过紧固件的内孔面 | | | 6.3(8.0,10.0) | | 压板孔 |
| 密封性配合表面 | 有相对运动 | | | 0.1(0.125,0.16) | | 缸体内表面 |
| | 无相对运动 | 软垫圈 | | 1.6(2.0,2.5) | | 缸盖端面 |
| | | 金属垫圈 | | 0.8(1.0,1.25) | | |
| 定位平面 | | | 精确 | 0.4(0.5,0.32) | | 定位件工作表面 |
| | | | 一般 | 1.6(2.0,2.5) | | |
| 孔面 | 径向轴承 | | D、E | 0.4(0.5,0.32) | | 安装轴承内孔 |
| | | | G、F | 0.8(1.0,1.25) | | |
| 端面 | 推力轴承 | | | 1.6(2.0,2.5) | | 安装推力轴承端面 |
| 孔面 | 滚针轴承 | | | 0.4(0.5,0.63) | | 安装轴承内孔 |
| 刮研平面 | 20~25 点/25mm×25mm | | | 0.05(0.063,0.080) | | 结合面 |
| | 16~20 点/25mm×25mm | | | 0.1(0.125,0.16) | | |
| | 13~16 点/25mm×25mm | | | 0.2(0.25,0.32) | | |
| | 10~13 点/25mm×25mm | | | 0.4(0.5,0.32) | | |
| | 8~10 点/25mm×25mm | | | 0.8(1.0,1.25) | | |

注：括号中的数值为第二系列。

5）夹具主要零件所采用的材料及热处理要求见表5-19。

**表 5-19 夹具主要零件所采用的材料及热处理要求**

| 零件种类 | 零件名称 | 推荐材料 | 热处理要求 |
|---|---|---|---|
| 壳体零件 | 夹具的壳体及形状复杂的壳体 | HT200、HT150 | 时效 |
| | 焊接壳体 | Q235、Q215、Q195 | 退火 |
| | 花盘和车床夹具壳体 | HT300 | 时效 |

（续）

| 零件种类 | 零件名称 | 推荐材料 | 热处理要求 |
|---|---|---|---|
| 定位元件 | 定位心轴 | $D \leqslant 35mm$，T8A<br>$D > 35mm$，45 | 淬火 58~64HRC，柄部 40~45HRC<br>淬火 40~45HRC |
| | 支承钉 | $d \leqslant 12mm$，T8A<br>$d > 12mm$，45 | 淬火 55~60HRC<br>淬火 40~45HRC |
| | 支承板 | T8A | 淬火 55~60HRC |
| | 可调支承螺钉 | 45 | $L \leqslant 50mm$，全部 40~45HRC<br>$L > 50mm$，头部 40~45HRC |
| | 定位销 | $D \leqslant 18mm$，T8A<br>$D > 18mm$，45 | 淬火 55~60HRC<br>渗碳深度 0.8~1.2mm，淬火 55~60HRC |
| | V 形块 | 20 | 渗碳深度 0.8~1.2mm，淬火 58~64HRC |
| 夹紧零件 | 斜楔 | 20 | 渗碳深度 0.8~1.2mm，淬火 54~60HRC |
| | 压紧螺钉 | 45 | 淬火 30~35HRC |
| | 螺母 | 45 | 淬火 35~40HRC |
| | 各种形状的压板 | 45 | 淬火 40~45HRC |
| | 卡爪 | 20 | 渗碳深度 0.8~1.2mm，淬火 54~60HRC |
| | 钳口 | 20 | 渗碳深度 0.8~1.2mm，淬火 54~60HRC |
| | 台虎钳丝杠 | 45 | 淬火 35~40HRC |
| | 切向夹紧用螺栓和衬套 | 45 | 调质 225~255HBW |
| | 圆偏心轮 | 20 | 渗碳深度 0.8~1.2mm，淬火 58~64HRC |
| | 弹性夹头 | 65Mn | 夹料部分淬火 56~61HRC<br>弹性部分淬火 43~48HRC |
| | 活动零件用导板 | 45 | 淬火 35~40HRC |
| 其他零件 | 对刀块 | 20 | 渗碳深度 0.8~1.2mm，淬火 58~64HRC |
| | 塞尺 | T8A | 55~60HRC |
| | 定位键 | 45 | 40~45HRC |
| | 钻套、钻套用衬套 | $D \leqslant 26mm$，T10A<br>$D > 26mm$，20 | 淬火 58~64HRC<br>渗碳深度 0.8~1.2mm，淬火 58~64HRC |
| | 镗套 | 20<br>HT200 | 渗碳深度 0.8~1.2mm，淬火 55~60HRC<br>时效处理 |
| | 靠模、凸轮 | 20 | 渗碳深度 0.8~1.2mm，淬火 54~60HRC |
| | 分度盘 | 20 | 渗碳深度 0.8~1.2mm，淬火 58~64HRC |

# 5.5  定位误差的分析与计算

机械加工过程中，产生加工误差的因素很多。在这些因素中，有一项因素与机床夹具有关。使用夹具时，加工表面的位置误差与夹具在机床上的定位和固定及工件在夹具中的定位密切相关。为了满足工序的加工要求，必须使工序中各项加工误差总和等于或小于该工序所规定的工序公差。

$$\Delta_j + \Delta_\omega \leq \delta_g \tag{5-1}$$

式中，$\Delta_j$ 为与机床夹具有关的加工误差；$\Delta_\omega$ 为与工序中除夹具外其他因素有关的误差；$\delta_g$ 为工序公差。

与机床夹具有关的加工误差 $\Delta_j$，一般可用下式表示：

$$\Delta_j = \Delta_{w\cdot z} + \Delta_{D\cdot A} + \Delta_{D\cdot w} + \Delta_{j\cdot j} + \Delta_{j\cdot M} \tag{5-2}$$

式中，$\Delta_{w\cdot z}$ 为夹具相对于机床成形运动的位置误差；$\Delta_{D\cdot A}$ 为夹具相对于刀具位置的误差；$\Delta_{D\cdot w}$ 为工件在夹具中的定位误差；$\Delta_{j\cdot j}$ 为工件在夹具中被夹紧时产生的夹紧误差；$\Delta_{j\cdot M}$ 为夹具磨损所造成的加工误差。

由式（5-1）可知，使用夹具加工工件时，应尽量减小与夹具有关的加工误差，在保证工序加工要求的情况下，留给加工过程中其他误差因素的比例大一些，以便较易控制加工误差。由式（5-2）可知，正确地计算出工件在夹具中的定位误差和减小其他各项误差，是设计夹具时必须认真考虑的重要问题之一。

由工件定位所造成的加工表面相对其工序基准的位置误差称为定位误差。在加工时，夹具相对刀具及切削成形运动的位置经调定后不再变动，因此可以认为加工表面的位置是固定的。在这种情况下，加工表面对其工序基准的位置误差，必然是工序基准的位置变动所引起的。所以，定位误差也就是工件定位时工序基准（一批工件的）位置沿加工要求方向上的最大变动量，即工序基准位置的最大变动量在加工尺寸方向上的投影。

表 5-20 列举了一些常见定位方式的定位误差的定位简图和计算公式。

表 5-20　定位误差计算示例　　　　　　　　　　　（单位：mm）

| 定位方式 | | 定位简图 | 定位误差的计算公式 |
|---|---|---|---|
| 以平面作为定位基准 | 一个平面定位 | | $\Delta_{D\cdot W(A)} = 0$<br>$\Delta_{D\cdot W(B)} = \delta$ |
| | 两个垂直面定位 | | $\alpha = 90°$，当 $h < H/2$ 时<br>$\Delta_{D\cdot W(B)} = 2(H-h)\tan\Delta\alpha$ |

（续）

| 定位方式 | | 定位简图 | 定位误差的计算公式 |
|---|---|---|---|
| 以平面作为定位基准 | 两个垂直面定位 | 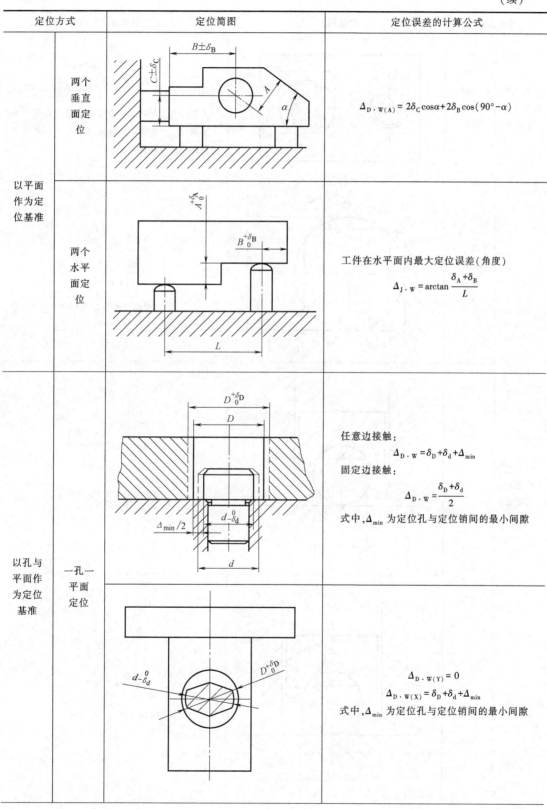 | $\Delta_{D \cdot W(A)} = 2\delta_C \cos\alpha + 2\delta_B \cos(90° - \alpha)$ |
| | 两个水平面定位 | | 工件在水平面内最大定位误差（角度）<br><br>$\Delta_{J \cdot W} = \arctan \dfrac{\delta_A + \delta_B}{L}$ |
| 以孔与平面作为定位基准 | 一孔一平面定位 | | 任意边接触：<br><br>$\Delta_{D \cdot W} = \delta_D + \delta_d + \Delta_{min}$<br><br>固定边接触：<br><br>$\Delta_{D \cdot W} = \dfrac{\delta_D + \delta_d}{2}$<br><br>式中，$\Delta_{min}$ 为定位孔与定位销间的最小间隙 |
| | | | $\Delta_{D \cdot W(Y)} = 0$<br><br>$\Delta_{D \cdot W(X)} = \delta_D + \delta_d + \Delta_{min}$<br><br>式中，$\Delta_{min}$ 为定位孔与定位销间的最小间隙 |

（续）

| 定位方式 | | 定位简图 | 定位误差的计算公式 |
|---|---|---|---|
| 以孔与平面作为定位基准 | 一面两孔定位 | | $\Delta_{D \cdot W(Y)} = \delta_{D1} + \delta_{d1} + \Delta_{1min}$ <br> $\Delta_{J \cdot W} = \arctan \dfrac{\delta_{D1} + \delta_{d1} + \Delta_{1min} + \delta_{D2} + \delta_{d2} + \Delta_{2min}}{2L}$ <br> 式中，$\Delta_{1min}$ 为第一定位孔与圆定位销间的最小间隙；$\Delta_{2min}$ 为第二定位孔与削边销间的最小间隙；$\Delta_{J \cdot W}$ 为转角误差 |
| 以外圆柱面作为定位基准 | 两个垂直面定位 | | $\Delta_{D \cdot W(A)} = \dfrac{1}{2}\delta_D$ <br> $\Delta_{D \cdot W(B)} = 0$ <br> $\Delta_{D \cdot W(C)} = \delta_D$ <br> $\Delta_{D \cdot W(D)} = \dfrac{1}{2}\delta_D$ |
| | 平面定位V形块定心 | | $\Delta_{D \cdot W(A)} = \dfrac{1}{2}\delta_D$ <br> $\Delta_{D \cdot W(B)} = 0$ <br> $\Delta_{D \cdot W(C)} = \dfrac{1}{2}\delta_D \cos\gamma$ |
| | | | $\Delta_{D \cdot W(A)} = 0$ <br> $\Delta_{D \cdot W(B)} = \dfrac{1}{2}\delta_D$ <br> $\Delta_{D \cdot W(C)} = \dfrac{\delta_D}{2} - \dfrac{\delta_D}{2}\cos\gamma$ |

（续）

| 定位方式 | | 定位简图 | 定位误差的计算公式 |
|---|---|---|---|
| 以外圆柱面作为定位基准 | 平面定位V形块定心 | | $\Delta_{D\cdot W(A)} = \delta_D$ <br> $\Delta_{D\cdot W(B)} = \dfrac{1}{2}\delta_D$ <br> $\Delta_{D\cdot W(C)} = \dfrac{\delta_D}{2} + \dfrac{\delta_D}{2}\cos\gamma$ |
| | | | $\Delta_{D\cdot W(A)} = \dfrac{\delta_D}{2\sin\dfrac{\alpha}{2}}$ <br> $\Delta_{D\cdot W(B)} = \dfrac{\delta_D}{2}\left(\dfrac{1}{\sin\dfrac{\alpha}{2}} - 1\right)$ <br> $\Delta_{D\cdot W(C)} = \dfrac{\delta_D}{2}\left(\dfrac{1}{\sin\dfrac{\alpha}{2}} + 1\right)$ <br><br> 表格如下 |
| | V形块定位 | | $\Delta_{D\cdot W(A)} = 0$ <br> $\Delta_{D\cdot W(B)} = \dfrac{1}{2}\delta_D$ <br> $\Delta_{D\cdot W(C)} = \dfrac{1}{2}\delta_D$ |
| | | | $\Delta_{D\cdot W(A)} = \dfrac{\delta_D\sin\beta}{2\sin\dfrac{\alpha}{2}}$ <br> $\Delta_{D\cdot W(B)} = \dfrac{\delta_D}{2}\left(1 - \dfrac{\sin\beta}{\sin\dfrac{\alpha}{2}}\right)$ <br> $\Delta_{D\cdot W(C)} = \dfrac{\delta_D}{2}\left(1 + \dfrac{\sin\beta}{\sin\dfrac{\alpha}{2}}\right)$ |

| $\alpha$ | $\Delta_{D\cdot W(A)}$ | $\Delta_{D\cdot W(B)}$ | $\Delta_{D\cdot W(C)}$ |
|---|---|---|---|
| 60° | $\delta_D$ | $0.5\delta_D$ | $1.5\delta_D$ |
| 90° | $0.71\delta_D$ | $0.21\delta_D$ | $1.21\delta_D$ |
| 120° | $0.58\delta_D$ | $0.08\delta_D$ | $1.08\delta_D$ |

（续）

| 定位方式 | 定位简图 | 定位误差的计算公式 |
|---|---|---|
| 以外圆柱面作为定位基准 | 定心机构定位 | $$\Delta_{D \cdot W(A)} = 0$$ $$\Delta_{D \cdot W(B)} = \frac{1}{2}\delta_D$$ $$\Delta_{D \cdot W(C)} = \frac{1}{2}\delta_D$$ |
|  | 双V形块组合定位 | $$\Delta_{D \cdot W(A_1)} = \frac{\delta_{d_1}}{2\sin\frac{\alpha}{2}} \cdot \frac{L_3 - L_1 + L}{L}$$ $$\Delta_{D \cdot W(A_2)} = \frac{\delta_{d_1}}{2\sin\frac{\alpha}{2}} + \frac{L_1 - L_2}{L_1} \times \left( \frac{\delta_{d_2}}{2\sin\frac{\alpha}{2}} - \frac{\delta_{d_1}}{2\sin\frac{\alpha}{2}} \right)$$ $$\Delta_{J \cdot W} = \pm\arctan\frac{\dfrac{\delta_{d_1}}{2\sin\frac{\alpha}{2}} + \dfrac{\delta_{d_2}}{2\sin\frac{\alpha}{2}}}{2L_1}$$ |

# 5.6  夹紧力的确定

## 5.6.1  实际所需夹紧力的计算公式

计算夹紧力时，通常将夹具和工件看成是一个刚性系统。根据工件受切削力、夹紧力（大型工件还应考虑工件所受重力，运动的工件还应考虑惯性力等）的作用情况，找出在加工过程中对夹紧最不利的瞬时状态，按静力平衡原理计算出理论夹紧力。最后为保证夹紧可靠，再乘以安全系数作为实际所需夹紧力的数值，即：

$$W_k = WK$$

式中，$W_k$ 为实际所需夹紧力（N）；$W$ 为在一定条件下，由静力平衡计算出的理论夹紧力（N）；$K$ 为安全系数。

安全系数 $K$ 可按下式计算：

$$K = K_0 K_1 K_2 K_3 K_4 K_5 K_6$$

式中，$K_0 \sim K_6$ 为各种因素的安全系数，见表5-21。

表 5-21 安全系数 $K_0 \sim K_6$ 的数值

| 符号 | 考虑的因素 | | 系数值 |
|---|---|---|---|
| $K_0$ | 考虑工件材料及加工余量均匀性的基本安全系数 | | 1.2~1.5 |
| $K_1$ | 加工性质 | 粗加工 | 1.2 |
| | | 精加工 | 1.0 |
| $K_2$ | 刀具钝化程度(详见表5-22) | | 1.0~1.9 |
| $K_3$ | 切削特点 | 连续切削 | 1.0 |
| | | 断续切削 | 1.2 |
| $K_4$ | 夹紧力的稳定性 | 手动夹紧 | 1.3 |
| | | 机动夹紧 | 1.0 |
| $K_5$ | 手动夹紧时的手柄位置 | 操作方便 | 1.0 |
| | | 操作不方便 | 1.2 |
| $K_6$ | 仅有力矩使工件回转时,工件与支承面接触的情况 | 接触点确定 | 1.0 |
| | | 接触点不确定 | 1.5 |

注:若安全系数 $K$ 的计算结果小于 2.5 时,取 $K=2.5$。

表 5-22 安全系数 $K_2$

| 加工方法 | 切削分力情况 | $K_2$ | |
|---|---|---|---|
| | | 铸铁 | 钢 |
| 钻削 | $M_K$ | 1.15 | 1.15 |
| | $F_c$ | 1.0 | 1.0 |
| 粗扩(毛坯) | $M_K$ | 1.3 | 1.3 |
| | $F_c$ | 1.2 | 1.2 |
| 精扩 | $M_K$ | 1.2 | 1.2 |
| | $F_c$ | 1.2 | 1.2 |
| 粗车或粗镗 | $F_c$ | 1.0 | 1.0 |
| | $F_P$ | 1.2 | 1.4 |
| | $F_f$ | 1.25 | 1.6 |
| 精车或精镗 | $F_c$ | 1.05 | 1.0 |
| | $F_P$ | 1.4 | 1.05 |
| | $F_f$ | 1.3 | 1.0 |
| 圆周铣削(粗、精) | $F_c$ | 1.2~1.4 | 1.6~1.8(碳的质量分数小于0.3%) |
| | | | 1.2~1.4(碳的质量分数大于0.3%) |
| 端面铣削(粗、精) | $F_c$ | 1.2~1.4 | 1.6~1.8(碳的质量分数小于0.3%) |
| | | | 1.2~1.4(碳的质量分数大于0.3%) |
| 磨削 | $F_c$ | | 1.15~1.2 |
| 拉削 | $F$ | | 1.5 |

## 5.6.2 各种加工方法的切削力计算

### 1. 车削切削力的计算

车削切削力的计算公式见表5-23。

表 5-23　车削切削力的计算公式

| 工件材料 | 刀具材料 | 加工方式 | 计算公式 | | |
|---|---|---|---|---|---|
| | | | $F_c$ | $F_p$ | $F_f$ |
| 结构钢和铸钢 | 硬质合金 | 纵向和横向车、镗 | $2943a_P f^{0.75} v_C^{-0.15} K_P$ | $2383a_P^{0.9} f^{0.6} v_C^{-0.3} K_P$ | $3326a_P f^{0.5} v_C^{-0.4} K_P$ |
| | | 带修光刃车刀纵向车削 | $3767a_P^{0.9} f^{0.9} v_C^{-0.15} K_P$ | $3483a_P^{0.6} f^{0.8} v_C^{-0.3} K_P$ | $2364a_P^{1.05} f^{0.2} v_C^{-0.4} K_P$ |
| | | 切断和割槽 | $4002a_P^{0.72} f^{0.8} K_P$ | $1697a_P^{0.73} f^{0.67} K_P$ | |
| | | 车螺纹 | $1452f^{1.7} i^{-0.71} K_P$ | | |
| | 高速钢 | 纵向和横向车、镗 | $1962a_P f^{0.75} K_P$ | $1226a_P^{0.9} f^{0.75} K_P$ | $657a_P^{1.2} f^{0.65} K_P$ |
| | | 切断和割槽 | $2423a_P f K_P$ | | |
| | | 成形车削 | $2080a_P f^{0.75} K_P$（当背吃刀量较小、形状简单时，切削力可减少 $10\% \sim 15\%$） | | |
| | | 纵向和横向车、镗 | $2001a_P f^{0.75} K_P$ | | |
| 灰铸铁 | 硬质合金 | 纵向和横向车、镗 | $902a_P f^{0.75} K_P$ | $530a_P^{0.9} f^{0.75} K_P$ | $451a_P f^{0.4} K_P$ |
| | | 带修光刃车刀纵向车削 | $1207a_P f^{0.85} K_P$ | $598a_P^{0.6} f^{0.5} K_P$ | $235a_P^{1.05} f^{0.2} K_P$ |
| | | 车螺纹 | $1010f^{1.8} i^{-0.82} K_P$ | | |
| | 高速钢 | 切断和割槽 | $1550a_P f K_P$ | | |
| 可锻铸铁 | 硬质合金 | 纵向和横向车、镗 | $795a_P f^{0.75} K_P$ | $422a_P^{0.9} f^{0.75} K_P$ | $373a_P f^{0.4} K_P$ |
| | 高速钢 | 纵向和横向车、镗 | $981a_P f^{0.75} K_P$ | $863a_P^{0.9} f^{0.75} K_P$ | $392a_P^{1.2} f^{0.65} K_P$ |
| | | 切断和割槽 | $1364a_P f K_P$ | | |

注：$F_c$ 为圆周切削分力（N）；$F_p$ 为径向切削分力（N）；$F_f$ 为轴向切削分力（N）；$f$ 为每转进给量（mm）；$a_P$ 为背吃刀量（mm），在切断、割槽和成形车削时，指切削刃的长度；$v_C$ 为切削速度（m/min）；$i$ 为螺纹车削的次数；$K_P$ 为修正系数，$K_P = K_{mp}K_{\kappa_r p}K_{\gamma_0 p}K_{\lambda_S p}K_{rp}$（对车螺纹 $K_P = K_{mp}$）；$K_{mp}$ 为考虑工件材料力学性能的系数，按表 5-24 选取；另外，$K_{\kappa_r p}$、$K_{\gamma_0 p}$、$K_{\lambda_S p}$、$K_{rp}$ 为考虑刀具几何参数的系数，按表 5-26 选取。

表 5-24　$K_{mp}$ 值

| 工件材料 | 结构钢、铸钢 | 灰铸铁 | 可锻铸铁 |
|---|---|---|---|
| $K_{mp}$ | $\left(\dfrac{\sigma_b}{736}\right)^n$ | $\left(\dfrac{HBW}{150}\right)^n$ | $\left(\dfrac{HBW}{150}\right)^n$ |

注：表中指数 $n$ 参见表 5-25。

表 5-25　指数 $n$ 的值

| 工件材料 | | 指数 $n$ 的值 | | | | | |
|---|---|---|---|---|---|---|---|
| | | $F_c$ | | $F_p$ | | $F_f$ | |
| | | 硬质合金 | 高速钢 | 硬质合金 | 高速钢 | 硬质合金 | 高速钢 |
| 结构钢 | $\sigma_b \leqslant 587MPa$ | 0.75 | 0.35 | 1.35 | 2.0 | 1.0 | 1.5 |
| 铸钢 | $\sigma_b \geqslant 587MPa$ | | 0.75 | | | | |
| 灰铸铁、可锻铸铁 | | 0.4 | 0.55 | 1.0 | 1.3 | 0.8 | 1.1 |

表 5-26  系数 $K_{\kappa_r p}$、$K_{\gamma_0 p}$、$K_{\lambda_s p}$、$K_{r p}$ 值

| 刀具的参数 | | 刀具材料 | 系数 | | | |
|---|---|---|---|---|---|---|
| 名称 | 数值 | | 符号 | 数值 | | |
| | | | | $F_c$ | $F_P$ | $F_f$ |
| 主偏角 $\kappa_r$ | 30° | 硬质合金 | $K_{\kappa_r p}$ | 1.08 | 1.30 | 0.78 |
| | 45° | | | 1.0 | 1.0 | 1.0 |
| | 60° | | | 0.94 | 0.77 | 1.11 |
| | 90° | | | 0.89 | 0.50 | 1.17 |
| | 30° | 高速钢 | | 1.08 | 1.63 | 0.70 |
| | 45° | | | 1.0 | 1.0 | 1.0 |
| | 60° | | | 0.98 | 0.71 | 1.27 |
| | 90° | | | 1.08 | 0.44 | 1.82 |
| 前角 $\gamma_0$ | −15° | 硬质合金 | $K_{\gamma_0 p}$ | 1.25 | 2.0 | 2.0 |
| | 0° | | | 1.1 | 1.4 | 1.4 |
| | 10° | | | 1.0 | 1.0 | 1.0 |
| | 12°~15° | 高速钢 | | 1.15 | 1.6 | 1.7 |
| | 20°~25° | | | 1.0 | 1.0 | 1.0 |
| 刃倾角 $\lambda_s$ | −5° | 硬质合金 | $K_{\lambda_s p}$ | 1.0 | 0.75 | 1.07 |
| | 0° | | | | 1.0 | 1.0 |
| | 5° | | | | 1.25 | 0.85 |
| | 15° | | | | 1.7 | 0.65 |
| 刀尖圆弧半径 $r$/mm | 0.5 | 高速钢 | $K_{r p}$ | 0.87 | 0.66 | 1.0 |
| | 1.0 | | | 0.93 | 0.82 | |
| | 2.0 | | | 1.0 | 1.0 | |
| | 3.0 | | | 1.04 | 1.14 | |
| | 5.0 | | | 1.10 | 1.33 | |

### 2. 钻削切削力的计算

钻削切削力的计算公式见表 5-27。

表 5-27  钻削切削力的计算公式

| 工件材料 | 加工方式 | 刀具材料 | 切削扭矩计算公式 | 切削力计算公式 |
|---|---|---|---|---|
| 结构钢和铸钢 $\sigma_b = 736\text{MPa}$ | 钻 | 高速钢 | $M = 0.34D^2 f^{0.8} K_P$ | $F_f = 667Df^{0.7} K_P$ |
| | 扩钻 | | $M = 0.88Da_p^{0.9} f^{0.8} K_P$ | $F_f = 371a_p^{1.3} f^{0.7} K_P$ |
| 耐热钢 1Cr18Ni9Ti，HB141 | 钻 | | $M = 0.40D^2 f^{0.7} K_P$ | $F_f = 1402Df^{0.7} K_P$ |
| 灰铸铁(190HBW) | | | $M = 0.21D^2 f^{0.8} K_P$ | $F_f = 419Df^{0.8} K_P$ |
| | | 硬质合金 | $M = 0.12D^{2.2} f^{0.8} K_P$ | $F_f = 412D^{1.2} f^{0.75} K_P$ |

（续）

| 工件材料 | 加工方式 | 刀具材料 | 切削扭矩计算公式 | 切削力计算公式 |
|---|---|---|---|---|
| 灰铸铁（190HBW） | 扩钻 | 高速钢 | $M = 0.83D^2 a_p^{0.75} f^{0.8} K_p$ | $F_f = 231 a_p^{1.2} f^{0.4} K_p$ |
| 可锻铸铁（120HBW） | 钻 | | $M = 0.21D^2 f^{0.8} K_p$ | $F_f = 425Df^{0.8} K_p$ |
| | | 硬质合金 | $M = 0.098D^{2.2} f^{0.8} K_p$ | $F_f = 319D^{1.2} f^{0.75} K_p$ |

注：1. $M$ 为切削扭矩（N·m）；$D$ 为钻头直径（mm）；$a_p$ 为背吃刀量（mm），对扩钻：$a_p = 0.5(D-d)$，$d$ 为扩孔前的孔径（mm）；$F_f$ 为轴向切削力（N）；$f$ 为每转进给量（mm）；$K_p$ 为修正系数，按表5-28选取。

2. 钻头的横刃未经刃磨，则钻孔轴向力要比上述公式的计算值大33%。

3. 扩孔钻扩孔及铰孔的切削力计算公式可近似地按镗孔的圆周切削力 $F_c$ 的计算公式求出每齿的圆周切削力，然后再求出总的圆周切削力及切削扭矩。此时，公式中的进给量 $f$ 应为每齿进给量 $f_z$（即 $f/s$，$z$ 为刀具的齿数）。

表5-28 修正系数 $K_p$

| 材料 | 结构钢、铸钢 | 灰铸铁 | 可锻铸铁 |
|---|---|---|---|
| $K_p$ | $\left(\dfrac{\sigma_b}{736}\right)^{0.75}$ | $\left(\dfrac{HBW}{190}\right)^{0.6}$ | $\left(\dfrac{HBW}{150}\right)^{0.6}$ |

### 3. 铣削切削力的计算

铣削切削力的计算公式见表5-29。

表5-29 铣削切削力的计算公式

| 刀具材料 | 工件材料 | 铣刀类型 | 计算公式 |
|---|---|---|---|
| 高速钢 | 碳钢、青铜、铝合金、可锻铸铁等 | 圆柱铣刀、立铣刀、盘铣刀、锯片铣刀、角度铣刀、半圆成形铣刀等 | $F = C_p a_p^{0.86} f_z^{0.72} D^{-0.86} BzK_p$ |
| | | 面铣刀 | $F = C_p a_p^{1.1} f_z^{0.80} D^{-1.1} B^{0.95} zK_p$ |
| | 灰铸铁 | 圆柱铣刀、立铣刀、盘铣刀、锯片铣刀 | $F = C_p a_p^{0.83} f_z^{0.65} D^{-0.83} BzK_p$ |
| | | 面铣刀 | $F = C_p a_p^{1.1} f_z^{0.72} D^{-1.1} B^{0.9} zK_p$ |
| 硬质合金 | 碳钢 | 圆柱铣刀 | $F = 912 a_p^{0.88} f_z^{0.75} D^{-0.87} Bz$ |
| | | 三面刃铣刀 | $F = 2335 a_p^{0.90} f_z^{0.80} D^{-1.1} B^{1.1} n^{-0.1} z$ |
| | | 两面刃铣刀 | $F = 2452 a_p^{0.80} f_z^{0.70} D^{-1.1} B^{0.85} z$ |
| | | 立铣刀 | $F = 118 a_p^{0.85} f_z^{0.75} D^{-0.73} Bn^{0.18} z$ |
| | | 面铣刀 | $F = 11281 a_p^{1.06} f_z^{0.88} D^{-1.3} B^{0.90} n^{-0.18} z$ |
| | 可锻铸铁 | 面铣刀 | $F = 4434 a_p^{1.1} f_z^{0.75} D^{-1.3} Bn^{-0.20} z$ |
| | 灰铸铁 | 圆柱铣刀 | $F = 510 a_p^{0.90} f_z^{0.80} D^{-0.90} Bz$ |
| | | 面铣刀 | $F = 490 a_p^{1.0} f_z^{0.74} D^{-1.0} B^{0.90} z$ |

注：$F$ 为铣削力（N）；$C_p$ 为在用高速钢（$W_{18}Cr_4V$）铣刀铣削时，考虑工件材料及铣刀类型的系数，其值按表5-30选取；$a_p$ 为背吃刀量（mm），指铣刀刀齿切入和切出工件过程中，接触弧在垂直走刀方向平面中测得的投影长度；$f_z$ 为每齿进给量（mm）；$D$ 为铣刀直径（mm）；$B$ 为铣削宽度（mm），指平行于铣刀轴线方向测得的切削层尺寸；$n$ 为铣刀每分钟转数；$z$ 为铣刀的齿数；$K_p$ 为用高速钢（$W_{18}Cr_4V$）铣削时，考虑工件材料力学性能不同的修正系数。对于结构钢、铸钢，$K_p = \left(\dfrac{\sigma_b}{736}\right)^{0.8}$；对于灰铸铁，$K_p = \left(\dfrac{HBW}{190}\right)^{0.55}$。

表 5-30　$C_p$ 值

| 铣刀类型 | $C_p$ 值 | | |
|---|---|---|---|
| | 碳钢 | 可锻铸铁 | 灰铸铁 |
| 圆柱铣刀、立铣刀等 | 669 | 294 | 294 |
| 圆盘铣刀、锯片铣刀 | 808 | 510 | 510 |
| 面铣刀 | 670 | 294 | 294 |
| 角度铣刀 | 382 | | |
| 半圆成形铣刀 | 461 | | |

### 5.6.3　典型夹紧型式实际所需夹紧力的计算

实际所需夹紧力的计算是一个很复杂的问题，一般只能作粗略估算。为了简化计算，在设计夹紧装置时，可只考虑切削力（矩）对夹紧的影响，并假定工艺系统是刚性的，切削过程稳定不变。

表 5-31 所示列出了典型夹紧型式实际所需夹紧力（或原始作用力）的计算简图及计算公式，供设计夹紧装置时参考。表中的摩擦因数按表 5-32 所示进行选取。

表 5-31　典型夹紧型式实际所需夹紧力（或原始作用力）的计算公式

| 夹紧型式 | | 计算简图 | 计算公式 |
|---|---|---|---|
| 工件以平面定位 | 夹紧力与切削力方向一致 | | $W_k = P(N)$<br>当其他切削分力较小时，仅需较小的夹紧力来防止工件在加工过程中产生振动和转动 |
| | 夹紧力与切削力方向相反 | | $W_k = KF(N)$<br>式中，$W_k$ 为实际所需夹紧力（N）；$F$ 为切削力（N）；$K$ 为安全系数 |
| | 夹紧力与切削力方向垂直 | | $W_k = \dfrac{KF}{\mu_1 + \mu_2}(N)$<br>式中，$\mu_1$ 为夹紧元件与工件间的摩擦因数；$\mu_2$ 为工件与夹具支承面间的摩擦因数（参见表 5-32） |

（续）

| 夹紧型式 | 计算简图 | 计算公式 |
|---|---|---|
| 工件以平面定位：夹紧力与切削力方向垂直 | | $W_k = \dfrac{KFL}{\mu_1 H + l}(\text{N})$ |
| 工件以平面定位：工件多面同时受力 | | $W_k = \dfrac{K(F + F_2\mu_2)}{\mu_1 + \mu_2} = \dfrac{K(\sqrt{F_1^2 + F_3^2} + F_2\mu_2)}{\mu_1 + \mu_2}(\text{N})$ |
| 工件以两垂直面定位，侧向夹紧 | | $W_k = \dfrac{K[F_2(L + c\mu) + F_1 b]}{c\mu + L\mu + a}(\text{N})$ |
| 轴向夹紧套类零件 | | $W_k = \dfrac{K\left(M - \dfrac{1}{3}F\mu_2\dfrac{D^3 - d^3}{D^2 - d^2}\right)}{\mu_1 R + \dfrac{1}{3}\mu_2\dfrac{D^3 - d^3}{D^2 - d^2}}(\text{N})$ |

（续）

| 夹紧型式 | | 计算简图 | 计算公式 |
|---|---|---|---|
| 工件以内孔定位 | 压板夹紧在3个支承点上 | | $$W_k = \frac{K(M+\mu_2 F R_1)}{\mu_1 R_2 + \mu_2 R_1}(\text{N})$$ |
| | 定心夹紧 | | $$Q = \frac{KF_c D}{\tan\varphi_2 d}\left[\tan(\alpha+\varphi)+\tan\varphi_1\right](\text{N})$$<br>式中，$\varphi$ 为斜面上的摩擦角；$\tan\varphi_1$ 为工件与心轴在轴向方向的摩擦因数；$\tan\varphi_2$ 为工件与心轴在圆周方向的摩擦因数 |
| | 端面夹紧 | | $$Q = \frac{3KF_c D}{2\left(\mu_1 \dfrac{D_1^3-d^3}{D_1^2-d^2}+\mu_2 \dfrac{D_2^3-d^3}{D_1^2-d^2}\right)}$$ |
| 工件以外圆定位 | 卡盘夹紧 | | $$W_k = \frac{2KM}{nD\mu}(\text{N})$$<br>式中，$n$ 为夹爪数 |
| | V形块定位V块夹紧 | | 防止工件转动：<br>$$W_k = \frac{KM\sin\dfrac{\alpha}{2}}{2R\mu_1}(\text{N})$$<br>防止工件移动：<br>$$W_k = \frac{KF\sin\dfrac{\alpha}{2}}{2\mu_2}(\text{N})$$<br>式中，$\mu_1$ 为工件与压板间的圆周方向摩擦因数；$\mu_2$ 为工件与V形块间的圆周方向摩擦因数 |

（续）

| 夹紧型式 | | | 计算简图 | 计算公式 |
|---|---|---|---|---|
| 工件以外圆定位 | V形块定位压板夹紧 | 工件承受切削扭矩及轴向力 | | 防止工件转动：<br>$$W_k = \frac{KM\sin\dfrac{\alpha}{2}}{\mu_1 R\sin\dfrac{\alpha}{2} + \mu_2 R}\ (\text{N})$$<br>防止工件移动：<br>$$W_k = \frac{KF_f\sin\dfrac{\alpha}{2}}{\mu_3\sin\dfrac{\alpha}{2} + \mu_4}\ (\text{N})$$<br>式中，$\mu_1$ 为工件与压板间的圆周方向摩擦因数；$\mu_2$ 为工件与 V 形块间的圆周方向摩擦因数；$\mu_3$ 为工件与压板间的轴向摩擦因数；$\mu_4$ 为工件与 V 形块间的轴向摩擦因数 |

表 5-32　摩擦因数

| 摩擦条件 | | $\mu$ |
|---|---|---|
| 工件为加工过的表面 | | 0.16 |
| 工件为未加工过的毛坯表面(铸、锻件)，固定支承为球面 | | 0.2~0.25 |
| 夹紧元件和支承表面有齿纹，并在较大的相互作用力下工作 | | 0.7 |
| 用卡盘或弹簧夹头夹紧 | 光滑表面 | 0.16~0.18 |
| | 沟槽与切削力方向一致 | 0.3~0.4 |
| | 沟槽相互垂直 | 0.4~0.5 |
| | 齿纹表面 | 0.7~1.0 |

## 5.6.4　螺旋夹紧机构

采用螺旋直接夹紧或与其他元件组合实现夹紧工件的机构，统称为螺旋夹紧机构。由于这类夹紧机构结构简单、夹紧可靠、通用性高，故在机床夹具中得到了广泛应用。它的主要缺点是夹紧和松开工件时比较费时费力。

单个螺旋夹紧时产生的夹紧力按下式计算：

$$W_0 = \frac{QL}{r'\tan\phi_1 + r_z\tan(\alpha + \phi_2')}$$

式中，$W_0$ 为单个螺旋夹紧产生的夹紧力（N）；$Q$ 为原始作用力（N）；$L$ 为作用力臂（mm）；$r'$ 为螺杆端部与工件间的当量摩擦半径（mm），其值视螺杆端部的结构型式而定，见表 5-33；$\phi_1$ 为螺杆端部与工件间的摩擦角（°）；$r_z$ 为螺纹中径的一半（mm）；$\alpha$ 为螺纹升角（°），普通螺纹升角见表 5-34。$\phi_2'$ 为螺旋副的当量摩擦角（°），$\phi_2' = \arctan\dfrac{\tan\phi_2}{\cos\beta}$，其中 $\phi_2$ 为螺旋副的摩擦角（°），$\beta$ 为螺纹牙型半角（°），螺旋副当量摩擦角 $\phi_2'$ 见表 5-35。

螺母夹紧力见表5-36，各种螺栓的许用夹紧力及夹紧扭矩见表5-37。单个普通螺旋夹紧力见表5-38。

表 5-33　螺旋副的当量摩擦半径 $r'$　　　　（单位：mm）

| 型式 | | 简图 | 计算公式 | 数值 | | | | | |
|---|---|---|---|---|---|---|---|---|---|
| | | | | M8 | M10 | M12 | M16 | M20 | M24 |
| I | 点接触 | | $r' = 0$ | 0 | 0 | 0 | 0 | 0 | 0 |
| II | 平面接触 | | $r' = \dfrac{d_0}{3}$ | $d_0 = 6$ | $d_0 = 7$ | $d_0 = 9$ | $d_0 = 12$ | $d_0 = 15$ | $d_0 = 18$ |
| | | | | 2 | 2.3 | 3 | 4 | 5 | 6 |
| III | 圆周线接触 | | $r' = R\cot\dfrac{\beta_1}{2}$ | $R = 8$ | $R = 10$ | $R = 12$ | $R = 16$ | $R = 20$ | $R = 25$ |
| | | | | 4.6 | 5.8 | 6.9 | 9.2 | 11.5 | 14.4 |
| IV | 圆环面接触 | | $r' = \dfrac{1}{3}\dfrac{D^3 - D_0^3}{D^2 - D_0^2}$ | 6.22 | 7.78 | 9.33 | 12.44 | 15.56 | 18.67 |

注：$\beta_1 = 120°$，$D \approx 2D_0$。

表 5-34　普通螺纹升角 α

| 公称直径/mm | 螺距 $P$/mm | 中径的一半 $r_z$/mm | 升角 α |
|---|---|---|---|
| 6 | 1 | 2.675 | 3°24′ |
| | 1.75 | 2.7565 | 2°29′ |

（续）

| 公称直径/mm | 螺距 $P$/mm | 中径的一半 $r_z$/mm | 升角 $\alpha$ |
|---|---|---|---|
| 8 | 1.25 | 3.594 | 3°10′ |
| | 1 | 3.674 | 2°29′ |
| | 0.75 | 3.7656 | 1°49′ |
| 10 | 1.5 | 4.513 | 3°1′ |
| | 1.25 | 4.594 | 2°29′ |
| | 1 | 4.675 | 1°57′ |
| | 0.75 | 4.7565 | 1°26′ |
| 12 | 1.75 | 5.4315 | 2°56′ |
| | 1.5 | 5.513 | 2°29′ |
| | 1.25 | 5.594 | 2°2′ |
| | 1 | 5.675 | 1°36′ |
| 14 | 2 | 6.3505 | 2°52′ |
| | 1.5 | 6.513 | 1°61′ |
| | 1 | 6.675 | 1°22′ |
| 16 | 2 | 7.355 | 2°29′ |
| | 1.5 | 7.513 | 1°49′ |
| | 1 | 7.675 | 1°11′ |
| 18 | 2.5 | 8.188 | 1°47′ |
| | 2 | 8.3508 | 2°11′ |
| | 1.5 | 8.513 | 1°36′ |
| | 1 | 8.675 | 1°3′ |
| 20 | 2.5 | 9.188 | 2°29′ |
| | 2 | 9.3505 | 1°57′ |
| | 1.5 | 9.513 | 1°26′ |
| | 1 | 9.675 | 0°57′ |
| 24 | 3 | 11.0255 | 2°29′ |
| | 2 | 11.3505 | 4°36′ |
| | 1.5 | 11.513 | 1°11′ |
| | 1 | 11.675 | 0°37′ |
| 30 | 3.5 | 13.8635 | 2°18′ |
| | 2 | 13.3505 | 1°16′ |
| | 1.5 | 14.513 | 0°57′ |
| | 1 | 19.675 | 0°37′ |
| 36 | 4 | 16.701 | 2°11′ |
| | 3 | 17.0255 | 1°36′ |
| | 2 | 17.3505 | 1°3′ |
| | 1.5 | 17.513 | 0°47′ |

注：$\alpha = \arctan \dfrac{nP}{2\pi r_z}$，$n$ 为螺纹线数。

表 5-35 螺旋副当量摩擦角 $\phi'_2$

| 螺纹形状 | 三角螺纹 | 梯形螺纹 | 矩形螺纹 |
|---|---|---|---|
| 螺纹牙型半角 $\beta$ | 30° | 15° | 0 |
| $\phi'_2 = \arctan\dfrac{\tan\phi_2}{\cos\beta}$ | 9°50′ | 8°50′ | 8°32′ |

注：$\tan\phi_2 = 0.15$。

表 5-36 螺母夹紧力

| 类型 | 简图 | 螺纹直径/mm | 螺距/mm | 手柄长度/mm | 作用力/N | 夹紧力/N |
|---|---|---|---|---|---|---|
| 带柄螺母 | | 8 | 12.5 | 50 | 50 | 2050 |
| | | 10 | 1.5 | 60 | 50 | 1970 |
| | | 12 | 1.75 | 80 | 80 | 3510 |
| | | 16 | 2 | 100 | 100 | 4140 |
| | | 20 | 2.5 | 140 | 100 | 4640 |
| 用扳手的六角螺母 | | 10 | 1.5 | 120 | 45 | 3550 |
| | | 12 | 1.75 | 140 | 70 | 5380 |
| | | 16 | 2 | 190 | 100 | 7870 |
| | | 20 | 2.5 | 240 | 100 | 7950 |
| | | 24 | 3 | 310 | 150 | 12840 |
| 蝶形螺母 | | 4 | 0.7 | 8 | 10 | 130 |
| | | 5 | 0.8 | 9 | 15 | 180 |
| | | 6 | 1 | 11 | 20 | 240 |
| | | 8 | 1.25 | 14 | 30 | 340 |
| | | 10 | 1.5 | 17 | 40 | 450 |
| | | 12 | 1.75 | 20.5 | 45 | 510 |
| | | 16 | 2 | 26 | 50 | 540 |

注：螺纹支承端面的外径 $d_1$ 取 $2d$。

表 5-37 各种螺栓的许用夹紧力及夹紧扭矩

| 螺纹公称直径/mm | | 8 | 10 | 12 | 16 | 20 | 24 | 27 | 30 |
|---|---|---|---|---|---|---|---|---|---|
| 许用夹紧力/N | | 2550 | 3924 | 5690 | 10300 | 15696 | 22563 | 28940 | 35316 |
| 加在螺母上的夹紧扭矩/(N·mm) | 螺母支承面有滚动轴承 | 2.158 | 4.120 | 7.161 | 16.775 | 31.883 | 54.838 | 78.382 | 106.635 |
| | 螺母支承面无滚动轴承 | 4.905 | 9.320 | 15.892 | 37.180 | 65.727 | 121.154 | 175.403 | 239.364 |

注：表中数据仅供粗略估算时参考。

表 5-38　单个普通螺旋夹紧力

| 类型 | | 简图 | 螺纹直径 /mm | 螺距 /mm | 手柄长度 /mm | 作用力 /N | 夹紧力 /N |
|---|---|---|---|---|---|---|---|
| I | 点接触 | | 10 | 1.5 | 120 | 25 | 4000 |
| | | | 12 | 1.75 | 140 | 35 | 5500 |
| | | | 16 | 2 | 190 | 65 | 10600 |
| | | | 20 | 2.5 | 240 | 100 | 16000 |
| | | | 24 | 3 | 310 | 130 | 23000 |
| II | 平面接触 | | 10 | 1.5 | 120 | 25 | 3080 |
| | | | 12 | 1.75 | 140 | 35 | 4200 |
| | | | 16 | 2 | 190 | 65 | 7900 |
| | | | 20 | 2.5 | 240 | 100 | 12000 |
| | | | 24 | 3 | 310 | 130 | 17000 |
| III | 圆周线接触 | | 10 | 1.5 | 120 | 25 | 2300 |
| | | | 12 | 1.75 | 140 | 35 | 3100 |
| | | | 16 | 2 | 190 | 65 | 5900 |
| | | | 20 | 2.5 | 240 | 100 | 9200 |
| | | | 24 | 3 | 310 | 130 | 13000 |

## 5.6.5　偏心夹紧机构

### 1. 偏心轮的基本类型与工作行程

偏心轮的基本类型见表 5-39，偏心轮的工作行程见表 5-40 和表 5-41。

表 5-39　偏心轮的基本类型

| 类型 | 工作段 | | 工作特点及使用说明 |
|---|---|---|---|
| | $\gamma_1$ | $\gamma_2$ | |
| I | 75° | 165° | 以 P 点(升角最大处的夹紧点)为代表进行计算,即 $\gamma \approx 90°$。工作行程较大。用于需要自锁的夹紧范围较大,而夹紧力相对较小的场合,应用比较普遍 |
| | 45°~60° | 120°~135° | 以 P 点(升角最大处的夹紧点)为代表进行计算。取 P 点±30°~45°范围内的圆弧段为工作段,升角变化较小。适用于夹紧力要求较稳定的场合 |
| II | 150° | 180° | 根据具体夹紧点进行计算。常采用 $\gamma$ 角为 150°~180°范围内的圆弧段为工作段。偏心特性较小时,可做成偏心轴式,使结构更为紧凑 |
| III | 180° | 180° | 用 $\gamma=180°$ 时的圆弧点进行夹紧。具有自锁性能的夹紧行程接近于零,故用于夹紧那些表面位置不变的零部件,而不用手夹紧工件 |

### 2. 夹紧力的计算

偏心夹紧时，夹紧力可按下式计算：

$$W_0 = \frac{QL}{\mu(R+r)+e(\sin\gamma-\mu\cos\gamma)} = KQL(\text{N})$$

式中，$W_0$ 为偏心夹紧时的夹紧力（N）；$Q$ 为作用在手柄上的作用力（N）；$L$ 为力臂长（mm）；$\mu$ 为摩擦因数（$\tan\varphi_1 = \tan\varphi_2 = \mu$）；$R$ 为偏心轮半径（mm）；$r$ 为转轴半径（mm）；$e$ 为偏心量（mm）；$\gamma$ 为偏心轮几何中心和转动中心连线与几何中心和夹紧点连线间的夹角（°）；$K$ 为偏心轮夹紧系数。$K = \dfrac{1}{\mu(R+r)+e(\sin\gamma-\mu\cos\gamma)}$（1/mm），$K$ 值及夹紧力见表 5-42。

表 5-40　偏心轮的工作行程（摘自 JB/T 8011.1—1999，JB/T 8011.2—1999）

（单位：mm）

| 偏心轮直径 $D$ | 偏心量 $e$ | 偏心轮工作段（$\gamma_1 \sim \gamma_2$）内的工作行程 $s = e(\cos\gamma_1 - \cos\gamma_2)$ | | | | | |
|---|---|---|---|---|---|---|---|
| | | 75°~165° | 45°~120° | 45°~135° | 60°~120° | 60°~135° | 150°~180° |
| 25 | 1.3 | 1.6 | 1.57 | 1.84 | 1.3 | 1.57 | 0.17 |
| 32 | 1.7 | 2.08 | 2.05 | 2.4 | 1.7 | 2.05 | 0.23 |
| 40 | 2 | 2.45 | 2.41 | 2.83 | 2 | 2.41 | 0.27 |
| 50 | 2.5 | 3.06 | 3.02 | 3.54 | 2.5 | 3.02 | 0.33 |
| 60 | 3 | 3.67 | 3.62 | 4.24 | 3 | 3.62 | 0.40 |
| 65 | 3.5 | 4.29 | 4.22 | 4.95 | 3.5 | 4022 | 0.47 |
| 70 | 3.5 | 4.29 | 4.22 | 4.95 | 3.5 | 4.22 | 0.47 |
| 80 | 5 | 6.12 | 6.04 | 7.07 | 5 | 6.04 | 0.67 |
| 100 | 6 | 7.35 | 7.24 | 8.49 | 6 | 7.24 | 0.80 |

表 5-41　偏心轮的工作行程（摘自 JB/T 8011.3—1999，JB/T 8011.4—1999）

（单位：mm）

| 偏心轮直径 $D$ | 偏心量 $e$ | 偏心轮工作段（$\gamma_1 \sim \gamma_2$）内的工作行程 $s = e(\cos\gamma_1 - \cos\gamma_2)$ | | | | | |
|---|---|---|---|---|---|---|---|
| | | 75°~165° | 45°~120° | 45°~135° | 60°~120° | 60°~135° | 150°~180° |
| 30 | 3 | 3.67 | 3.62 | 4.24 | 3 | 3.62 | 0.40 |
| 40 | 4 | 4.90 | 4.53 | 5.66 | 4 | 4.83 | 0.54 |
| 50 | 5 | 6.12 | 6.04 | 7.07 | 5 | 6.04 | 0.67 |
| 60 | 6 | 7.35 | 7.24 | 8.49 | 6 | 7.24 | 0.80 |
| 70 | 7 | 8.57 | 8.45 | 9.09 | 7 | 8.45 | 0.94 |

表 5-42　$K$ 值及夹紧力

| 标准 | 偏心轮直径 $D$ 或半径 $r$/mm | 转轴直径 $d$/mm | 偏心量 $e$/mm | $K$ 值/(1/mm) | | | 作用力 $Q$/N | 力臂长 $L$/mm | 夹紧力/N $W_0 = KQL$ | | |
|---|---|---|---|---|---|---|---|---|---|---|---|
| | | | | I 型 $\gamma=90°$ | II 型 $\gamma=150°$ | III 型 $\gamma=180°$ | | | I 型 | II 型 | III 型 |
| JB/T 8011.1 —1999 | 25 | 6 | 1.3 | 0.35 | 0.43 | 0.60 | 100 | 70 | 2450 | 3010 | 4200 |
| | 32 | 8 | 1.7 | 0.27 | 0.33 | 0.46 | 100 | 80 | 2160 | 2640 | 3680 |
| | 40 | 10 | 2 | 0.22 | 0.27 | 0.37 | 100 | 100 | 2200 | 2700 | 3700 |

（续）

| 标准 | 偏心轮直径 D 或半径 r/mm | 转轴直径 d /mm | 偏心量 e /mm | K 值/(1/mm) | | | 作用力 Q /N | 力臂长 L/mm | 夹紧力/N $W_0 = KQL$ | | |
|---|---|---|---|---|---|---|---|---|---|---|---|
| | | | | Ⅰ型 $\gamma=90°$ | Ⅱ型 $\gamma=150°$ | Ⅲ型 $\gamma=180°$ | | | Ⅰ型 | Ⅱ型 | Ⅲ型 |
| JB/T 8011.1 —1999 | 50 | 12 | 2.5 | 0.18 | 0.22 | 0.30 | 100 | 120 | 2160 | 2640 | 3600 |
| | 60 | 16 | 3 | 0.15 | 0.18 | 0.24 | 100 | 150 | 2250 | 2700 | 3600 |
| | 70 | 16 | 3.5 | 0.13 | 0.16 | 0.22 | 100 | 160 | 2080 | 2560 | 3520 |
| JB/T 8011.2 —1999 | 25 | 4 | 1.3 | 0.36 | 0.45 | 0.63 | 100 | 70 | 2520 | 3150 | 4410 |
| | 32 | 5 | 1.7 | 0.28 | 0.35 | 0.50 | 100 | 80 | 2240 | 2800 | 4000 |
| | 40 | 6 | 2 | 0.23 | 0.29 | 0.40 | 100 | 100 | 2300 | 2900 | 4000 |
| | 50 | 8 | 2.5 | 0.19 | 0.23 | 0.32 | 100 | 120 | 2280 | 2760 | 3840 |
| | 65 | 10 | 3.5 | 0.14 | 0.17 | 0.24 | 100 | 150 | 2100 | 2550 | 3600 |
| | 80 | 12 | 5 | 0.10 | 0.13 | 0.20 | 100 | 190 | 1900 | 2470 | 3800 |
| | 100 | 16 | 6 | 0.08 | 0.11 | 0.16 | 100 | 210 | 1680 | 2310 | 3360 |
| JB/T 8011.3 —1999 JB/T 8011.4 —1999 | 30 | | 3 | 0.17 | 0.21 | 0.30 | 100 | 150 | 2550 | 3150 | 4500 |
| | 40 | | 4 | 0.13 | 0.16 | 0.23 | 100 | 190 | 2470 | 3040 | 4370 |
| | 50 | | 5 | 0.10 | 0.13 | 0.18 | 100 | 210 | 2100 | 2730 | 3780 |
| | 60 | | 6 | 0.08 | 0.11 | 0.15 | 100 | 260 | 2080 | 2860 | 3900 |
| | 70 | | 7 | 0.07 | 0.09 | 0.13 | 100 | 300 | 2100 | 2700 | 3900 |

注：表中数值计算条件如下：

圆形偏心轮（JB/T 8011.1—1999）和叉形偏心轮（JB/T 8011.2—1999）直径为 D；单面偏心轮（JB/T 8011.3—1999）和双面偏心轮（JB/T 8011.4—1999）半径为 r。

### 3. 偏心轮

非标准圆偏心轮的设计计算可按表 5-43 中的步骤进行。

#### 表 5-43 非标准圆偏心轮的设计计算

| 序号 | 计算项目 | 符号 | 计算公式 |
|---|---|---|---|
| 1 | 偏心轮工作行程 | s | $$s = s_1 + s_2 + s_3 + s_4 (\text{mm})$$ 式中，$s_1$ 为装卸工件方便所需的空隙，一般应 ≥0.3mm；$s_2$ 为夹紧机构弹性变形的补偿量，可取 0.05~0.15mm；$s_3$ 为工件在夹紧方向上的尺寸误差补偿量，即工件尺寸公差 $\delta$ mm；$s_4$ 为行程贮备量 0.1~0.3mm |
| 2 | 偏心轮工作段 | $\gamma_1 \sim \gamma_2$ | 参见表 5-40 选取 |
| 3 | 偏心量 | e | $$e = \frac{s}{\cos\gamma_1 - \cos\gamma_2}(\text{mm})$$ |
| 4 | 偏心轮直径或半径 | D、R | $D \geq (14\sim20)e$ 或 $R \geq (7\sim10)e$ |
| 5 | 转轴直径 | d | $d \approx 0.25D(\text{mm})$ |
| 6 | 夹紧力 | $W_0$ | $$W_0 = \frac{QL}{\mu(R+r)+e(\sin\gamma-\mu\cos\gamma)}(\text{N})$$ 式中符号同前，应保证 $W_0 \geq W_k$，$W_k$ 为实际所需夹紧力 |

## 5.7 机床夹具常用定位件

机床夹具零件与部件包括以下几部分：①定位零件与部件；②夹紧零件与部件；③其他夹紧元件；④对刀零件；⑤对定位零件与部件；⑥键；⑦操作件；⑧其他零件。

定位件的作用是限制所加工工件的自由度，确保加工面与定位面之间的尺寸精度。

定位零件与部件包括下述内容：

1）固定支承零件，含支承钉、支承板。

2）V形块，含V形块、固定V形块、调整V形块、活动V形块、中心孔块。

3）可调支承零件与部件含六角头支承、圆柱头调节支承、球形调节支承、顶压支承、调节支承、球头支承、调节支钉、螺纹调整支承、带V形块的螺纹调整支承、螺钉支承、自动调节支承、推引式辅助支承。

4）工件以内孔表面作定位基准的定位零件与部件，含小定位销、固定式定位销、可换式定位销、定位插销、阶形定位销、偏心定位销、定位衬套、定位心轴。

### 5.7.1 定位销

定位销以工件孔作为定位基准，根据其结构不同可分为：小定位销、固定式定位销、可换定位销和定位插销，各定位销的尺寸和尺寸标准可参考行业标准。

固定式定位销（JB/T 8014.2—1999）如图5-2所示，其各部尺寸如表5-44所示。

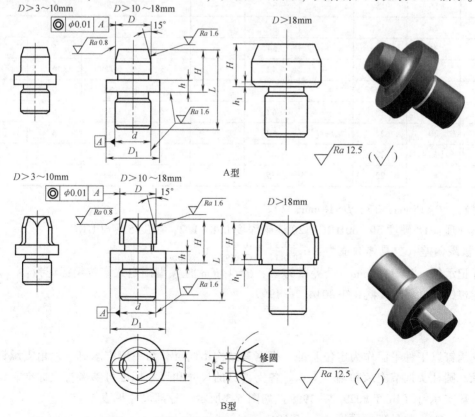

图5-2 固定式定位销（摘自 JB/T 8014.2—1999）

表 5-44　固定式定位销各部尺寸　　　　　　　（单位：mm）

| D | H | d | $D_1$ | L | h | $h_1$ | B | b | $b_1$ |
|---|---|---|---|---|---|---|---|---|---|
| 3 | 8 | 6 | 12 | 16 | 3 | — | 2.5 | 2 | 1 |
| 6 | 14 | 6 | 12 | 22 | 7 | — | 5.5 | 2 | 1 |
| 6 | 10 | 8 | 14 | 20 | 3 | — | 5 | 3 | 2 |
| 8 | 18 | 8 | 14 | 28 | 7 | — | 7 | 3 | 2 |
| 8 | 12 | 10 | 16 | 24 | 4 | — | 6 | 4 | 3 |
| 10 | 22 | 10 | 16 | 34 | 8 | — | 8 | 4 | 3 |
| 10 | 14 | 12 | 18 | 26 | 4 | — | 8 | 4 | 3 |
| 14 | 24 | 12 | 18 | 36 | 9 | — | 12 | 4 | 3 |
| 14 | 16 | 15 | 22 | 30 | 5 | — | 12 | 4 | 3 |
| 18 | 26 | 15 | 22 | 40 | 10 | — | 16 | 4 | 3 |
| 18 | 12 | 12 | — | 26 | — | 1 | 16 | 4 | 3 |
| 20 | 18 | 12 | — | 32 | — | 1 | 18 | 4 | 3 |
| 20 | 28 | 12 | — | 42 | — | 1 | 18 | 4 | 3 |
| 20 | 14 | 15 | — | 30 | — | 2 | 17 | 5 | 3 |
| 24 | 22 | 15 | — | 38 | — | 2 | 21 | 5 | 3 |
| 20 | 32 | 15 | — | 48 | — | 2 | 21 | 5 | 3 |
| 24 | 16 | 15 | — | 36 | — | 2 | 20 | 5 | 3 |
| 30 | 25 | 15 | — | 45 | — | 2 | 26 | 5 | 3 |
| 24 | 34 | 15 | — | 54 | — | 2 | 26 | 5 | 3 |
| 40 | 18 | 18 | — | 42 | — | 3 | 25 | 6 | 4 |
| 30 | 30 | 18 | — | 54 | — | 3 | 35 | 6 | 4 |
| 40 | 38 | 18 | — | 62 | — | 3 | 35 | 6 | 4 |
| 40 | 20 | 22 | — | 50 | — | 3 | 35 | 8 | 5 |
| 50 | 35 | 22 | — | 65 | — | 3 | 45 | 8 | 5 |
| 50 | 45 | 22 | — | 75 | — | 3 | 45 | 8 | 5 |

材料：$D<18$mm，T8；$D>18$mm，20。

热处理：T8 硬度 50~60HRC；20 渗碳深度 0.8~1.2，硬度 55~60HRC。

$d$ 极限偏差 $r6$，具体数值为：$6^{+0.023}_{+0.015}$，$8^{+0.028}_{+0.019}$，$10^{+0.028}_{+0.019}$，$15^{+0.034}_{+0.023}$。

标记示例：$D=11.5$mm，公差带为 f7，$H=14$mm 的 A 型固定式定位销标记为：

定位销 A11.5f7×14 JB/T 8014.2—1999。

## 5.7.2　支承钉

支承钉以工件平面作为定位基准，根据其结构不同可分为一般支承钉、六角支承钉、顶压支承、圆柱头调节支承和调节支承。各支承钉的尺寸和尺寸标准可参考行业标准。

一般支承钉（JB/T 8029.2—1999）如图 5-3 所示，各部尺寸见表 5-45。

材料：T8；热处理：硬度 55~60HRC；

标记示例：

$D = 16$mm，$H = 8$mm 的 A 型支承钉标记为：支承钉 A16×8 JB/T 8029.2—1999。

$d$ 极限偏差 r6，具体数值为：$6^{+0.023}_{+0.015}$、$8^{+0.028}_{+0.019}$、$10^{+0.028}_{+0.019}$、$15^{+0.034}_{+0.023}$。

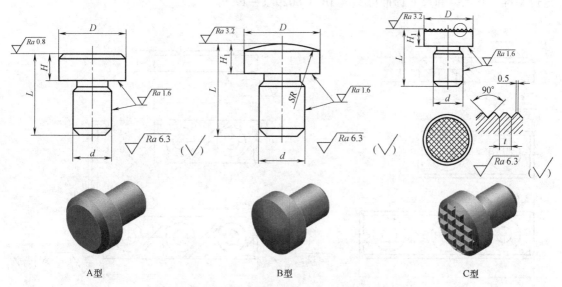

A型　　　　　　　B型　　　　　　　C型

图 5-3　支承钉（摘自 JB/T 8029.2—1999）

表 5-45　支承钉各部尺寸　　　　　　　　　　（单位：mm）

| $D$ | $H$ | $H_1$ | $L$ | $d$ | $SR$ | $t$ |
| --- | --- | --- | --- | --- | --- | --- |
| 5 | 2 | 2 | 6 | 3 | 5 | 1 |
| 5 | 5 | 5 | 9 | 3 | 5 | 1 |
| 6 | 3 | 3 | 8 | 4 | 6 | 1 |
| 6 | 6 | 6 | 11 | 4 | 6 | 1 |
| 8 | 4 | 4 | 12 | 6 | 8 | 1.2 |
| 8 | 8 | 8 | 16 | 6 | 8 | 1.2 |
| 12 | 6 | 6 | 16 | 8 | 12 | 1.2 |
| 12 | 12 | 12 | 22 | 8 | 12 | 1.2 |
| 16 | 8 | 8 | 20 | 10 | 16 | 1.5 |
| 16 | 16 | 16 | 28 | 10 | 16 | 1.5 |
| 20 | 10 | 10 | 25 | 12 | 20 | 1.5 |
| 20 | 20 | 20 | 35 | 12 | 20 | 1.5 |
| 25 | 12 | 12 | 32 | 16 | 25 | 2 |
| 25 | 25 | 25 | 45 | 16 | 25 | 2 |
| 30 | 16 | 16 | 42 | 20 | 32 | 2 |
| 30 | 30 | 30 | 55 | 20 | 32 | 2 |
| 40 | 20 | 20 | 50 | 24 | 40 | 2 |
| 40 | 40 | 40 | 70 | 24 | 40 | 2 |

### 5.7.3 支承板

支承板（JB/T 8029.1—1999）如图 5-4 所示其各部件尺寸见表 5-46，以工件平面作为定位基准，其尺寸和尺寸标准可参考 JB/T 8029.1—1999。

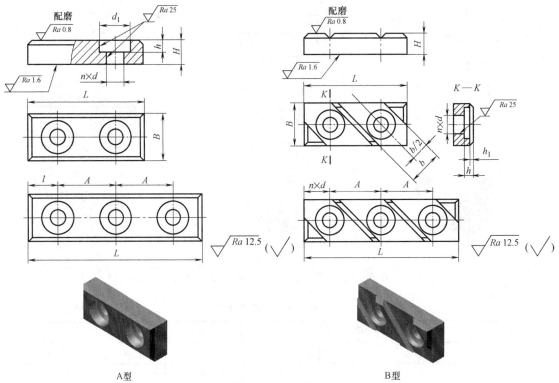

图 5-4 支承板（摘自 JB/T 8029.1—1999）

**表 5-46 支承板各部尺寸** （单位：mm）

| H | L | B | b | l | A | d | $d_1$ | h | $h_1$ | 孔数 n |
|---|---|---|---|---|---|---|---|---|---|---|
| 6 | 30 | 12 | — | 7.5 | 15 | 4.5 | 8 | 3 | — | 2 |
| 6 | 45 | 12 | — | 7.5 | 15 | 4.5 | 8 | 3 | — | 3 |
| 8 | 40 | 14 | — | 10 | 20 | 5.5 | 10 | 3.5 | — | 2 |
| 8 | 60 | 14 | — | 10 | 20 | 5.5 | 10 | 3.5 | — | 3 |
| 10 | 60 | 16 | 14 | 15 | 30 | 6.6 | 11 | 4.5 | 1.5 | 2 |
| 10 | 90 | 16 | 14 | 15 | 30 | 6.6 | 11 | 4.5 | 1.5 | 3 |
| 12 | 80 | 20 | 17 | 20 | 40 | 9 | 15 | 6 | 1.5 | 2 |
| 12 | 120 | 20 | 17 | 20 | 40 | 9 | 15 | 6 | 1.5 | 3 |
| 16 | 100 | 25 | 17 | 20 | 60 | 9 | 15 | 6 | 1.5 | 2 |
| 16 | 160 | 25 | 17 | 20 | 60 | 9 | 15 | 6 | 1.5 | 3 |
| 20 | 120 | 32 | 20 | 30 | 60 | 11 | 18 | 7 | 2.5 | 2 |
| 20 | 180 | 32 | 20 | 30 | 60 | 11 | 18 | 7 | 2.5 | 3 |
| 25 | 140 | 40 | 20 | 30 | 80 | 11 | 18 | 7 | 2.5 | 2 |
| 25 | 220 | 40 | 20 | 30 | 80 | 11 | 18 | 7 | 2.5 | 3 |

材料：T8；热处理：硬度 55~60HRC。

标记示例：

$H=16$mm，$L=100$mm 的 A 型支承板标记为：支承板 A16×100 JB/T 8029.1—1999。

### 5.7.4 V形块

V形块以工件外圆作为定位基准，根据其结构不同可分为：一般V形块、固定V形块，调整V形块和活动V形块。各种V形块的形状和尺寸标准按行业标准制造。

#### 1. V形块

V形块如图 5-5 所示，其各部尺寸见表 5-47，材料：20；热处理：渗碳深度 0.8~1.2，硬度 58~64HRC。

尺寸 $T$ 按公式计算：$T=H+0.707D-0.5N$。

标记示例：$N=24$mm 的 V形块标记为：V形块 24 JB/T 8018.1—1999。

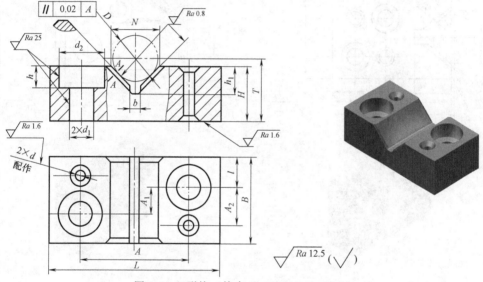

图 5-5　V形块（摘自 JB/T 8018.1—1999）

**表 5-47　V形块各部尺寸**　　　　　　　　（单位：mm）

| N | D | L | B | H | A | $A_1$ | $A_2$ | b | l | d | $d_1$ | $d_2$ | h | $h_1$ |
|---|---|---|---|---|---|---|---|---|---|---|---|---|---|---|
| 9 | 5~10 | 32 | 16 | 10 | 20 | 5 | 7 | 2 | 5.5 | 4 | 4.5 | 8 | 4 | 5 |
| 14 | >10~15 | 38 | 20 | 12 | 26 | 5 | 9 | 4 | 7 | 4 | 5.5 | 10 | 5 | 7 |
| 18 | >15~20 | 46 | 25 | 16 | 32 | 9 | 12 | 6 | 8 | 5 | 6.6 | 11 | 6 | 9 |
| 24 | >20~25 | 55 | 25 | 20 | 40 | 9 | 12 | 8 | 8 | 5 | 6.6 | 11 | 6 | 11 |
| 32 | >25~35 | 70 | 32 | 25 | 50 | 12 | 15 | 12 | 10 | 6 | 9 | 15 | 8 | 14 |
| 42 | >35~45 | 85 | 40 | 32 | 64 | 16 | 19 | 16 | 12 | 8 | 11 | 18 | 10 | 18 |
| 55 | >45~60 | 100 | 40 | 35 | 76 | 16 | 19 | 20 | 12 | 8 | 11 | 18 | 10 | 22 |
| 70 | >60~80 | 125 | 50 | 42 | 96 | 20 | 25 | 30 | 15 | 10 | 13.5 | 20 | 12 | 25 |
| 85 | >80~100 | 140 | 50 | 50 | 110 | 25 | 25 | 40 | 15 | 10 | 13.5 | 20 | 12 | 30 |

### 2. 固定 V 形块

固定 V 形块（JB/T 8018.2—1999）如图 5-6 所示，其各部尺寸见表 5-48，材料：20，热处理：渗碳深度 0.8~1.2，硬度 58~64HRC。

尺寸 T 按公式计算：$T=H+0.707D-0.5N$。

标记示例：

$N=18$mm 的 A 型固定 V 形块标记为：V 形块 A18 JB/T 8018.2—1999。

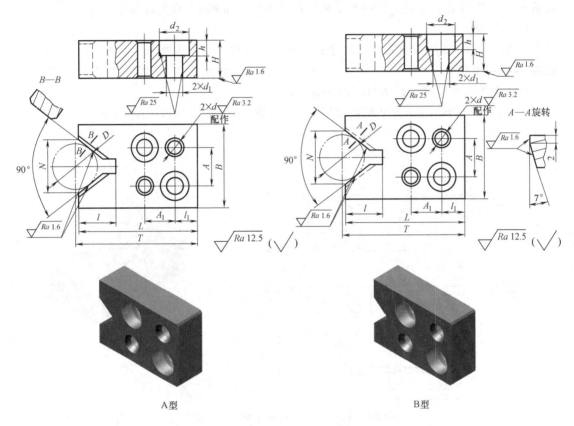

A 型                B 型

图 5-6　固定 V 形块（摘自 JB/T 8018.2—1999）

表 5-48　固定 V 形块各部尺寸　　　　　　　　　（单位：mm）

| N | D | B | H | L | l | $l_1$ | A | $A_1$ | d | $d_1$ | $d_2$ |
|---|---|---|---|---|---|---|---|---|---|---|---|
| 9 | 5~10 | 22 | 10 | 32 | 5 | 6 | 10 | 13 | 4 | 4.5 | 8 |
| 14 | >10~15 | 24 | 12 | 35 | 7 | 7 | 10 | 14 | 5 | 5.5 | 10 |
| 18 | >15~20 | 28 | 14 | 40 | 10 | 8 | 12 | 14 | 5 | 6.6 | 11 |
| 24 | >20~25 | 34 | 16 | 45 | 12 | 10 | 15 | 15 | 6 | 6.6 | 11 |
| 32 | >25~35 | 42 | 16 | 55 | 16 | 12 | 20 | 18 | 8 | 9 | 15 |
| 42 | >35~45 | 52 | 20 | 68 | 20 | 14 | 26 | 22 | 10 | 11 | 18 |
| 55 | >45~60 | 65 | 20 | 80 | 25 | 15 | 35 | 28 | 10 | 11 | 18 |
| 70 | >60~80 | 80 | 25 | 90 | 32 | 18 | 45 | 35 | 12 | 13.5 | 20 |

## 5.8 机床夹具常用夹紧件

工件定位后必须采用一定的夹紧件把工件压紧或夹牢在定位元件上，使工件在加工过程中，不会由于切削力、工件重力或惯性力的作用而发生位置变化或产生振动，以保证工件的加工精度和安全生产。

夹紧零件与部件，包括：

1）螺母，含带肩六角螺母、球面带肩螺母、连接螺母、调节螺母、带孔滚花螺母、菱形螺母、内六角螺母、手柄螺母、回转手柄螺母、多手柄螺母、T形槽用螺母、蝶形螺母、滚花螺母、捏手螺母、滚花六角螺母、圆螺母（带扳手孔）。

2）螺钉与螺栓，含压紧螺钉、六角压紧螺钉、固定手柄压紧螺钉、活动手柄压紧螺钉、塑料夹具用六角螺钉、塑料夹具用内六角螺钉、塑料夹具用柱塞、滚花头手旋螺钉、压紧螺钉、阶形螺钉、锁紧螺钉、球形端头螺钉、止动螺钉、球头螺栓、T形槽快卸螺栓、钩形螺栓、双头螺栓、槽用螺栓。

3）垫圈，含悬式垫圈、十字垫圈、十字垫圈用垫圈、转动垫圈、快换垫圈、拆卸垫圈、球面垫圈、开口垫圈、加大垫圈。

4）压块，含光面压块、槽面压块、圆压块、弧形压块。

5）压板，含移动压板、转动压板、移动弯曲压板、转动弯曲压板、移动宽头压板、转动宽头压板、偏心轮用压板、偏心轮用宽头压板、平压板、弯头压板、U形压板、鞍形压板、直压板、铰链压板、回转压板、双向压板、钩形压板、钩形压板（组合）、立式钩形压板（组合）、端面钩形压板（组合）、侧面钩形压板（组合）、卧式钩形压板（组合）。

6）偏心轮，含圆偏心轮、叉形偏心轮、单面偏心轮、双面偏心轮、带手柄的偏心轮、偏心轮用垫座。

7）支承件，含铰链支座、铰链叉座、螺钉支座、可调支座。

8）快速夹紧部件，含楔槽式快速夹紧装置、螺旋式自定心台虎钳、浮动式台虎钳夹紧装置。

其他夹紧元件，包括：

1）螺钉用垫板。

2）T形滑块。

3）切向夹紧套。

4）压入式螺纹衬套。

5）旋入式螺纹衬套。

6）内胀器。

### 5.8.1 螺母

#### 1. 带肩六角螺母

带肩六角螺母（JB/T 8004.1—1999）如图5-7所示，其各部尺寸见表5-49，材料：45；热处理：硬度35~40HRC。

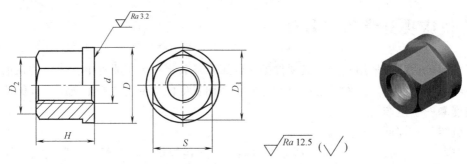

图 5-7　带肩六角螺母（摘自 JB/T 8004.1—1999）

表 5-49　带肩六角螺母各部尺寸　　　　　　　　　　（单位：mm）

| d | D | H | S | $D_1$ | $D_2$ |
|------|------|------|------|------|------|
| M5 | 10 | 8 | 8 | 9.2 | 7.5 |
| M6 | 12.5 | 10 | 10 | 11.5 | 9.5 |
| M8 | 17 | 12 | 14 | 16.2 | 13.5 |
| M10 | 21 | 16 | 17 | 19.6 | 16.5 |
| M12 | 24 | 20 | 19 | 21.9 | 18 |
| M16 | 30 | 25 | 24 | 27.7 | 23 |
| M20 | 37 | 32 | 30 | 34.6 | 29 |
| M24 | 44 | 38 | 36 | 41.6 | 34 |
| M30 | 56 | 48 | 46 | 53.1 | 44 |
| M36 | 66 | 55 | 55 | 63.5 | 53 |

标记示例：

$d$ = M16 的带肩六角螺母标记为：螺母 M16 JB/T 8004.1—1999。

$d$ = M16×1.5 的带肩六角螺母标记为：螺母 M16×1.5 JB/T 8004.1—1999。

**2. 内六角螺母**

内六角螺母（JB/T 8004.7—1999）如图 5-8 所示，其各部尺寸见表 5-50，材料：45；热处理：硬度 35~40HRC。

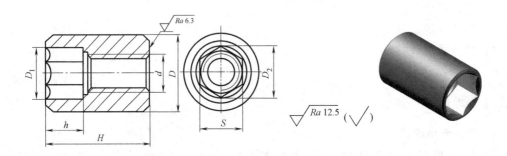

图 5-8　内六角螺母（摘自 JB/T 8004.7—1999）

表 5-50　内六角螺母各部尺寸　　　　　　　　　（单位：mm）

| d | D | H | S | $D_1$ | h | $D_2$ |
|---|---|---|---|---|---|---|
| M6 | 10 | 16 | 6 | 7.5 | 5 | 6.9 |
| M8 | 14 | 20 | 8 | 9.5 | 7 | 9.15 |
| M10 | 18 | 25 | 10 | 12 | 9 | 11.43 |
| M12 | 22 | 30 | 14 | 17 | 11 | 16 |
| M16 | 25 | 40 | 17 | 20 | 13 | 19.44 |
| M20 | 30 | 50 | 22 | 26 | 16 | 25.15 |
| M24 | 38 | 60 | 27 | 32 | 22 | 30.85 |

标记示例：

$d$＝M16 的内六角螺母标记为：螺母 M16 JB/T 8004.7—1999。

### 5.8.2　压块

夹具中常用压块有：光面、槽面、圆、弧形压块。其形状和尺寸标准按行业标准。

#### 1. 光面压块

光面压块（JB/T 8009.1—1999）如图 5-9 所示，其各部尺寸见表 5-51。材料：45；热处理：硬度 35~40HRC。

标记示例：

公称直径＝12mm 的光面压块标记为：压块 A12 JB/T 8009.1—1999。

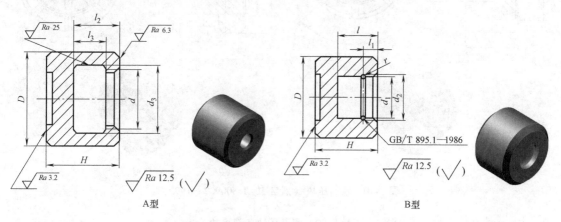

图 5-9　光面压块（摘自 JB/T 8009.1—1999）

表 5-51　光面压块各部尺寸　　　　　　　　　（单位：mm）

| 公称直径（螺纹直径） | D | H | d | $d_3$ | $l_2$ | $l_3$ | r | 挡圈 GB/T 895.1—1986 |
|---|---|---|---|---|---|---|---|---|
| 4 | 8 | 7 | M4 | 4.5 | 4.5 | 2.5 | | |
| 5 | 10 | 9 | M5 | 6 | 6 | 3.5 | | |
| 6 | 12 | 9 | M6 | 7 | 6 | 3.5 | 0.4 | 5 |
| 8 | 16 | 12 | M8 | 10 | 8 | 5 | 0.4 | 6 |

（续）

| 公称直径<br>（螺纹直径） | $D$ | $H$ | $d$ | $d_3$ | $l_2$ | $l_3$ | $r$ | 挡圈<br>GB/T 895.1—1986 |
|---|---|---|---|---|---|---|---|---|
| 10 | 18 | 15 | M10 | 12 | 9 | 6 | 0.4 | 7 |
| 12 | 20 | 18 | M12 | 14 | 11.5 | 7.5 | 0.4 | 9 |
| 16 | 25 | 20 | M16 | 18 | 13 | 9 | 0.6 | 12 |
| 20 | 30 | 25 | M20 | 22 | 15 | 10.5 | 1 | 16 |
| 20 | 36 | 28 | M24 | 26 | 17.5 | 12.5 | 1 | 18 |

### 2. 槽面压块

槽面压块（JB/T 8009.2—1999）如图 5-10 所示，其各部尺寸见表 5-52。

材料：45；热处理：硬度 35~40HRC。

标记示例：

公称直径＝12mm 的槽面压块标记为：压块 A12 JB/T 8009.2—1999。

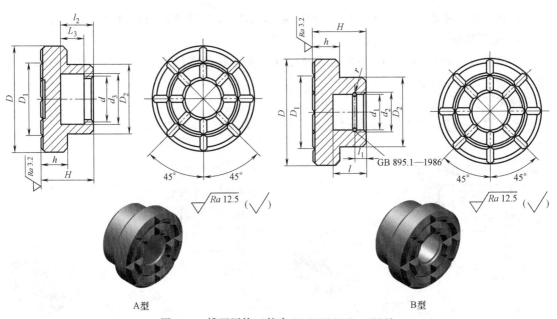

A型　　　　　　　　　　　　　　　　B型

图 5-10　槽面压块（摘自 JB/T 8009.2—1999）

表 5-52　槽面压块各部尺寸　　　　　　　（单位：mm）

| 公称直径<br>（螺纹直径） | $D$ | $D_1$ | $D_2$ | $H$ | $h$ | $d$ | $d_1$ | $d_2$ | $d_3$ | $l$ | $l_1$ | $l_2$ | $l_3$ | $r$ |
|---|---|---|---|---|---|---|---|---|---|---|---|---|---|---|
| 8 | 20 | 14 | 16 | 12 | 6 | M8 | 6.3 | 6.9 | 10 | 7.5 | 3.1 | 8 | 5 | 0.4 |
| 10 | 25 | 18 | 18 | 15 | 8 | M10 | 7.4 | 7.9 | 12 | 8.5 | 3.5 | 9 | 6 | 0.4 |
| 12 | 30 | 21 | 20 | 18 | 10 | M12 | 9.5 | 10 | 14 | 10.5 | 4.2 | 11.5 | 7.5 | 0.4 |
| 16 | 35 | 25 | 25 | 20 | 12 | M16 | 12.5 | 13.1 | 18 | 13 | 4.4 | 13 | 9 | 0.6 |
| 20 | 45 | 30 | 30 | 25 | 12 | M20 | 16.5 | 17.5 | 22 | 16 | 5.4 | 15 | 10.5 | 1 |
| 24 | 55 | 38 | 36 | 28 | 14 | M24 | 18.5 | 19.5 | 26 | 18 | 6.4 | 17.5 | 12.5 | 1 |

### 3. 弧形压块

弧形压块（JB/T 8009.4—1999）如图 5-11 所示，其各部尺寸见表 5-53。

材料：45；热处理：硬度 35~40HRC。

标记示例：

$L=60$mm，$B=14$mm 的弧形压块标记为：压块 A60×14 JB/T 8009.4—1999。

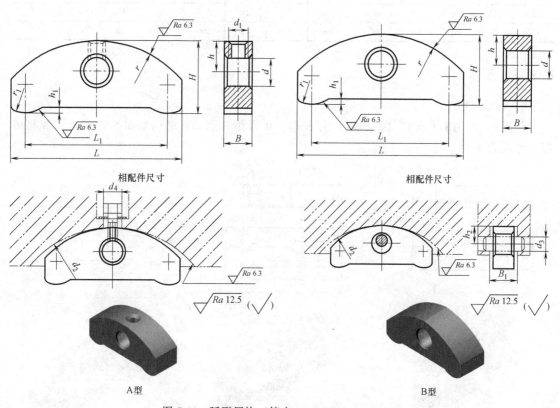

A型　　　　　　　　　　B型

图 5-11　弧形压块（摘自 JB/T 8009.4—1999）

表 5-53　弧形压块各部尺寸　　　　　　　（单位：mm）

| $L$ | $B$ | $h$ | $d$ | $d_1$ | $L_1$ | $r$ | $r_1$ | $d_2$ | $d_3$ | $d_4$ | $h_2$ | $B_1$ |
|---|---|---|---|---|---|---|---|---|---|---|---|---|
| 32 | 10 | 6.5 | 6 | M4 | 25 | 25 | 5 | 63 | 3 | 7 | 6.2 | 10 |
| 32 | 14 | 6.5 | 6 | M4 | 25 | 25 | 5 | 63 | 3 | 7 | 6.2 | 14 |
| 40 | 10 | 6.5 | 6 | M4 | 32 | 25 | 6 | 63 | 3 | 7 | 6.2 | 10 |
| 40 | 14 | 6.5 | 6 | M4 | 32 | 25 | 6 | 63 | 3 | 7 | 6.2 | 14 |
| 50 | 10 | 8.2 | 8 | M5 | 40 | 32 | 8 | 80 | 4 | 8 | 7.5 | 10 |
| 50 | 14 | 8.2 | 8 | M5 | 40 | 32 | 8 | 80 | 4 | 8 | 7.5 | 14 |
| 50 | 18 | 8.2 | 8 | M5 | 40 | 32 | 8 | 80 | 4 | 8 | 7.5 | 18 |
| 60 | 10 | 10.5 | 10 | M6 | 50 | 40 | 10 | 100 | 5 | 10 | 9.5 | 10 |
| 60 | 14 | 10.5 | 10 | M6 | 50 | 40 | 10 | 100 | 5 | 10 | 9.5 | 14 |
| 60 | 18 | 10.5 | 10 | M6 | 50 | 40 | 10 | 100 | 5 | 10 | 9.5 | 18 |
| 80 | 14 | 11.5 | 12 | M8 | 60 | 50 | 12 | 125 | 6 | 13 | 10.5 | 14 |
| 80 | 16 | 11.5 | 12 | M8 | 60 | 50 | 12 | 125 | 6 | 13 | 10.5 | 16 |

（续）

| L | B | h | d | $d_1$ | $L_1$ | r | $r_1$ | $d_2$ | $d_3$ | $d_4$ | $h_2$ | $B_1$ |
|---|---|---|---|---|---|---|---|---|---|---|---|---|
| 80 | 20 | 11.5 | 12 | M8 | 60 | 50 | 12 | 125 | 6 | 13 | 10.5 | 20 |
| 100 | 14 | 14 | 16 | M8 | 80 | 60 | 16 | 160 | 8 | 13 | 12.5 | 14 |
| 100 | 16 | 14 | 16 | M8 | 80 | 60 | 16 | 160 | 8 | 13 | 12.5 | 16 |
| 100 | 20 | 14 | 16 | M8 | 80 | 60 | 16 | 160 | 8 | 13 | 12.5 | 20 |
| 125 | 16 | 16.5 | 16 | M10 | 100 | 80 | 18 | 200 | 8 | 16 | 14.5 | 16 |
| 125 | 20 | 16.5 | 16 | M10 | 100 | 80 | 18 | 200 | 8 | 16 | 14.5 | 20 |

### 5.8.3　压板

#### 1. 移动压板

移动压板（JB/T 8010.1—1999）有 A 型、B 型和 C 型，其结构如图 5-12 所示，A 型各部尺寸见表 5-54。

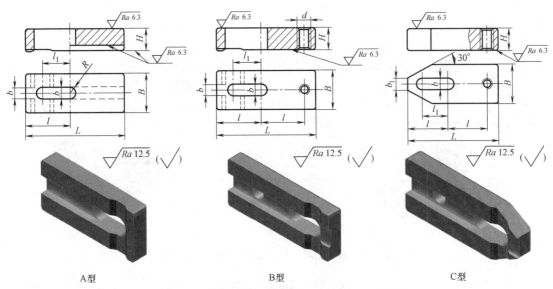

A型　　　　　　　　　　B型　　　　　　　　　　C型

图 5-12　移动压板（摘自 JB/T 8010.1—1999）

表 5-54　移动压板 A 型各部尺寸　　　　　（单位：mm）

| 公称直径（螺纹直径） | L | B | H | l | $l_1$ | b |
|---|---|---|---|---|---|---|
| 6 | 40 | 18 | 6 | 17 | 9 | 6.6 |
| 6 | 45 | 20 | 8 | 19 | 11 | 6.6 |
| 6 | 50 | 22 | 12 | 22 | 14 | 6.6 |
| 8 | 45 | 20 | 8 | 18 | 8 | 9 |
| 8 | 50 | 22 | 10 | 22 | 12 | 9 |
| 8 | 60 | 25 | 14 | 27 | 17 | 9 |
| 10 | 60 | 25 | 10 | 27 | 14 | 11 |
| 10 | 70 | 28 | 12 | 30 | 17 | 11 |
| 10 | 80 | 30 | 16 | 36 | 23 | 11 |
| 12 | 70 | 32 | 14 | 30 | 15 | 14 |

（续）

| 公称直径(螺纹直径) | $L$ | $B$ | $H$ | $l$ | $l_1$ | $b$ |
| --- | --- | --- | --- | --- | --- | --- |
| 12 | 80 | 32 | 16 | 35 | 20 | 14 |
| 12 | 100 | 36 | 18 | 45 | 30 | 14 |
| 12 | 120 | 36 | 22 | 55 | 43 | 14 |
| 16 | 80 | 36 | 18 | 35 | 15 | 18 |
| 16 | 100 | 40 | 22 | 44 | 24 | 18 |
| 16 | 120 | 45 | 25 | 54 | 36 | 18 |
| 16 | 160 | 45 | 30 | 74 | 54 | 18 |
| 20 | 100 | 45 | 22 | 42 | 18 | 22 |
| 20 | 120 | 50 | 25 | 52 | 30 | 22 |
| 20 | 160 | 50 | 30 | 72 | 48 | 22 |
| 20 | 200 | 55 | 35 | 92 | 68 | 22 |
| 24 | 120 | 50 | 28 | 52 | 22 | 26 |
| 24 | 160 | 55 | 30 | 70 | 40 | 26 |
| 24 | 200 | 60 | 35 | 90 | 60 | 26 |
| 24 | 250 | 60 | 40 | 115 | 85 | 26 |
| 30 | 160 | 65 | 35 | 70 | 35 | 33 |
| 30 | 200 | 65 | 35 | 90 | 55 | 33 |
| 30 | 250 | 65 | 40 | 115 | 80 | 33 |
| 36 | 200 | 75 | 40 | 85 | 45 | 39 |
| 36 | 250 | 75 | 45 | 110 | 70 | 39 |
| 36 | 320 | 80 | 50 | 145 | 105 | 39 |

### 2. 转动压板

转动压板（JB/T 8010.2—1999）有 A 型、B 型和 C 型，其结构如图 5-13 所示。A 型各部尺寸见表 5-55。

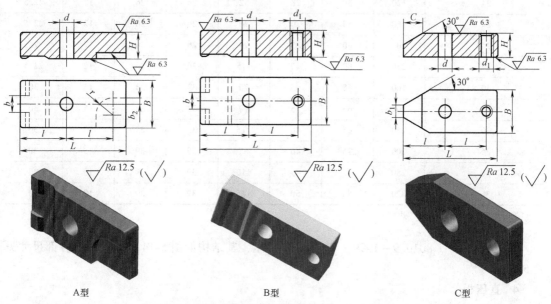

图 5-13　转动压板（摘自 JB/T 8010.2—1999）

**表 5-55 转动压板 A 型各部尺寸** （单位：mm）

| 公称直径（螺纹直径） | $L$ | $B$ | $H$ | $l$ | $d$ | $b$ | $b_2$ | $r$ |
|---|---|---|---|---|---|---|---|---|
| 6 | 40 | 18 | 6 | 17 | 6.6 | 8 | 3 | 8 |
| 6 | 45 | 20 | 8 | 19 | 6.6 | 8 | 3 | 8 |
| 6 | 50 | 22 | 12 | 22 | 6.6 | 8 | 3 | 8 |
| 8 | 45 | 20 | 8 | 18 | 9 | 9 | 4 | 10 |
| 8 | 50 | 22 | 10 | 22 | 9 | 9 | 4 | 10 |
| 8 | 60 | 25 | 14 | 27 | 9 | 9 | 4 | 10 |
| 10 | 60 | 25 | 10 | 27 | 11 | 11 | 5 | 12.5 |
| 10 | 70 | 28 | 12 | 30 | 11 | 11 | 5 | 12.5 |
| 10 | 80 | 30 | 16 | 36 | 11 | 11 | 5 | 12.5 |
| 12 | 70 | 32 | 14 | 30 | 14 | 14 | 6 | 16 |
| 12 | 80 | 32 | 16 | 35 | 14 | 14 | 6 | 16 |
| 12 | 100 | 36 | 20 | 45 | 14 | 14 | 6 | 16 |
| 12 | 120 | 36 | 22 | 55 | 14 | 14 | 6 | 16 |
| 16 | 80 | 36 | 18 | 35 | 18 | 18 | 8 | 17.5 |
| 16 | 100 | 40 | 22 | 44 | 18 | 18 | 8 | 17.5 |
| 16 | 120 | 45 | 25 | 54 | 18 | 18 | 8 | 17.5 |
| 16 | 160 | 45 | 30 | 74 | 18 | 18 | 8 | 17.5 |
| 20 | 100 | 45 | 22 | 42 | 22 | 22 | 10 | 20 |
| 20 | 120 | 50 | 25 | 52 | 22 | 22 | 10 | 20 |
| 20 | 160 | 50 | 30 | 72 | 22 | 22 | 10 | 20 |
| 20 | 200 | 55 | 35 | 92 | 22 | 22 | 10 | 20 |
| 24 | 120 | 50 | 28 | 52 | 26 | 26 | 12 | 22.5 |
| 24 | 160 | 55 | 30 | 70 | 26 | 26 | 12 | 22.5 |
| 24 | 200 | 60 | 35 | 90 | 26 | 26 | 12 | 22.5 |
| 24 | 250 | 60 | 40 | 115 | 26 | 26 | 12 | 22.5 |
| 30 | 160 | 65 | 35 | 70 | 33 | 33 | 15 | 30 |
| 30 | 200 | 65 | 35 | 90 | 33 | 33 | 15 | 30 |
| 30 | 250 | 65 | 40 | 115 | 33 | 33 | 15 | 30 |
| 36 | 200 | 75 | 40 | 85 | 39 | 39 | 18 | 30 |
| 36 | 250 | 75 | 45 | 110 | 39 | 39 | 18 | 30 |
| 36 | 320 | 80 | 50 | 145 | 39 | 39 | 18 | 30 |

**3. 平压板**

平压板（JB/T 8010.9—1999）有 A 型和 B 型，其结构如图 5-14 所示，A 型各部尺寸见表 5-56。

**4. 直压板**

直压板（JB/T 8010.13—1999）结构如图 5-15 所示，各部位尺寸见表 5-57。

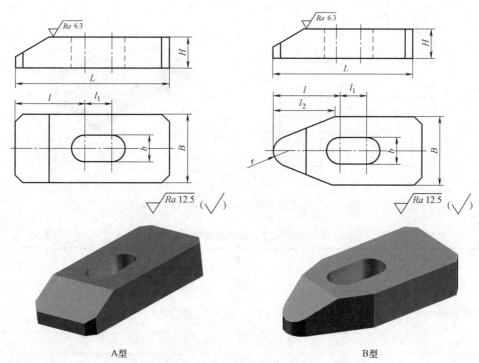

A型　　　　　　　　　　　　　　B型

图 5-14　平压板（摘自 JB/T 8010.9—1999）

表 5-56　平压板 A 型各部尺寸　　　　　　　　　（单位：mm）

| 公称直径（螺纹直径） | $L$（总长） | $B$（总宽） | $H$（总高） | $b$ | $l$ | $l_1$ | $l_2$ |
|---|---|---|---|---|---|---|---|
| 6 | 40 | 18 | 8 | 7 | 18 | 7 | 16 |
| 6 | 50 | 22 | 12 | 7 | 23 | 7 | 21 |
| 8 | 45 | 22 | 10 | 10 | 21 | 7 | 19 |
| 10 | 60 | 25 | 12 | 12 | 28 | 7 | 26 |
| 10 | 80 | 30 | 16 | 12 | 38 | 7 | 35 |
| 12 | 80 | 32 | 16 | 15 | 38 | 7 | 35 |
| 12 | 100 | 40 | 20 | 15 | 48 | 7 | 45 |
| 16 | 120 | 50 | 25 | 19 | 52 | 15 | 55 |
| 16 | 160 | 50 | 25 | 19 | 70 | 20 | 60 |
| 20 | 200 | 60 | 28 | 24 | 90 | 20 | 75 |
| 20 | 250 | 70 | 32 | 24 | 100 | 20 | 85 |
| 24 | 250 | 80 | 35 | 28 | 100 | 30 | 100 |
| 30 | 320 | 100 | 40 | 35 | 130 | 40 | 110 |
| 30 | 360 | 100 | 40 | 35 | 150 | 40 | 130 |
| 36 | 320 | 100 | 45 | 42 | 130 | 50 | 110 |
| 36 | 360 | 100 | 45 | 42 | 150 | 50 | 130 |

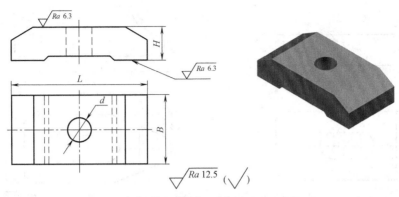

图 5-15   直压板（摘自 JB/T 8010.13—1999）

表 5-57   直压板尺寸 （单位：mm）

| 公称直径(螺纹直径) | $L$ | $B$ | $H$ | $d$ |
| --- | --- | --- | --- | --- |
| 8 | 50 | 25 | 12 | 9 |
| 8 | 60 | 25 | 12 | 9 |
| 8 | 80 | 25 | 12 | 9 |
| 10 | 60 | 32 | 16 | 11 |
| 10 | 80 | 32 | 16 | 11 |
| 10 | 100 | 32 | 20 | 11 |
| 12 | 80 | 32 | 20 | 14 |
| 12 | 100 | 32 | 20 | 14 |
| 12 | 120 | 32 | 25 | 14 |
| 16 | 100 | 40 | 25 | 18 |
| 16 | 120 | 40 | 25 | 18 |
| 16 | 160 | 40 | 25 | 18 |
| 20 | 120 | 50 | 25 | 22 |
| 20 | 160 | 50 | 32 | 22 |
| 20 | 200 | 50 | 32 | 22 |

**5. 铰链压板**

铰链压板（JB/T 8010.14—1999）有 A 型和 B 型，其结构如图 5-16 所示，A 型尺寸见表 5-58。

**6. 钩形压板**（组合）

A 型、B 型和 C 型钩形压板（组合）（JB/T 8012.2—1999）如图 5-17 所示。钩形压板（组合）（JB/T 8012.2—1999）A 型尺寸见表 5-59。

## 5.8.4   快速夹紧部件

快速夹紧部件包括楔槽式快速夹紧装置、螺旋式自定心台虎钳、浮动式台虎钳夹紧装置等。

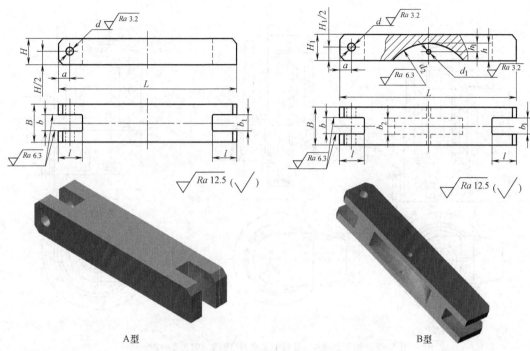

A型                                          B型

图 5-16  铰链压板（摘自 JB/T 8010.14—1999）

表 5-58  铰链压板 A 型尺寸

| b | L | B | H | $b_1$ | d | a | l |
|---|---|---|---|---|---|---|---|
| 6 | 0 | 16 | 12 | 6 | 4 | 5 | 12 |
| 6 | 90 | 16 | 12 | 6 | 4 | 5 | 12 |
| 8 | 100 | 18 | 15 | 8 | 5 | 6 | 15 |
| 8 | 120 | 24 | 15 | 8 | 5 | 6 | 15 |
| 10 | 120 | 24 | 18 | 10 | 6 | 7 | 18 |
| 10 | 140 | 24 | 18 | 10 | 6 | 7 | 18 |
| 12 | 140 | 32 | 22 | 12 | 8 | 9 | 22 |
| 12 | 160 | 32 | 22 | 12 | 8 | 9 | 22 |
| 12 | 180 | 32 | 22 | 12 | 8 | 9 | 22 |
| 14 | 180 | 32 | 26 | 14 | 10 | 10 | 25 |
| 14 | 200 | 32 | 26 | 14 | 10 | 10 | 25 |
| 14 | 220 | 32 | 26 | 14 | 10 | 10 | 25 |
| 18 | 220 | 40 | 32 | 18 | 12 | 14 | 32 |
| 18 | 250 | 40 | 32 | 18 | 12 | 14 | 32 |
| 18 | 280 | 40 | 32 | 18 | 12 | 14 | 32 |
| 22 | 250 | 50 | 40 | 22 | 16 | 18 | 40 |
| 22 | 280 | 50 | 40 | 22 | 16 | 18 | 40 |
| 22 | 300 | 50 | 40 | 22 | 16 | 18 | 40 |
| 26 | 300 | 60 | 45 | 26 | 20 | 22 | 48 |
| 26 | 320 | 60 | 45 | 26 | 20 | 22 | 48 |
| 26 | 360 | 60 | 45 | 26 | 20 | 22 | 48 |

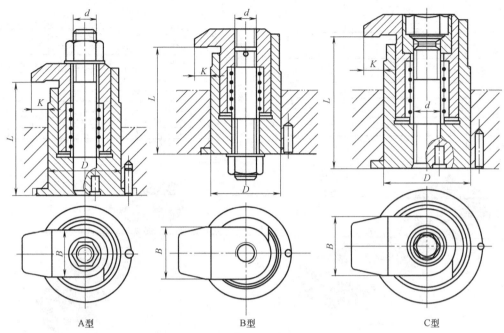

A型　　　　　　　　　　B型　　　　　　　　　　C型

图 5-17　钩形压板（组合）（摘自 JB/T 8012.2—1999）

表 5-59　钩形压板（组合）A 型尺寸　　　　　　　　（单位：mm）

| d | K | D（外径） | B | L（最小） | L（最大） | 套筒 GB/T 2197—1991 | 钩形压板 GB/T 2196—1991 | 螺母 GB/T 2148—1991 | 双头螺柱 GB/T 900—1988 | 弹簧/（mm×mm×mm） | 螺钉 GB/T 71—2018 | 销 GB/T 119—2000 |
|---|---|---|---|---|---|---|---|---|---|---|---|---|
| M6 | 7 | 22 | 16 | 31 | 36 | AM6×40 | A6×18 | M6 | M6×45 | 0.8×8×38 | M3×5 | 3n6×12 |
| M6 | 13 | 22 | 16 | 36 | 42 | AM6×48 | A6×24 | M6 | M6×50 | 0.8×8×38 | M3×5 | 3n6×12 |
| M8 | 10 | 28 | 20 | 37 | 44 | AM8×50 | A8×24 | M8 | M8×55 | 1×10×45 | M4×6 | 3n6×12 |
| M8 | 14 | 28 | 20 | 45 | 52 | AM8×60 | A8×28 | M8 | M8×65 | 1×10×45 | M4×6 | 3n6×12 |
| M10 | 10.5 | 35 | 25 | 48 | 58 | AM10×62 | A10×28 | M10 | M10×70 | 1.2×12×52 | M4×6 | 3n6×12 |
| M10 | 17.5 | 35 | 25 | 58 | 70 | AM10×75 | A10×35 | M10 | M10×85 | 1.2×12×5 | M4×6 | 3n6×12 |
| M12 | 14 | 42 | 30 | 57 | 68 | AM12×75 | A12×35 | M12 | M12×80 | 1.4×14×75 | M6×8 | 4n6×16 |
| M12 | 24 | 42 | 30 | 70 | 82 | AM12×90 | A12×45 | M12 | M12×100 | 1.4×14×7 | M6×8 | 4n6×16 |
| M16 | 21 | 48 | 35 | 70 | 86 | AM16×95 | A16×45 | M16 | M16×100 | 1.6×20×95 | M6×8 | 4n6×16 |
| M16 | 31 | 48 | 35 | 87 | 105 | AM16×115 | A16×55 | M16 | M16×120 | 1.6×20×95 | M6×8 | 4n6×16 |
| M20 | 27.5 | 55 | 40 | 81 | 100 | AM20×112 | A20×55 | M20 | M20×120 | 2×25×105 | M8×10 | 5n6×20 |
| M20 | 37.5 | 55 | 40 | 99 | 120 | AM20×132 | A20×65 | M20 | M20×140 | 2×25×105 | M8×10 | 5n6×20 |
| M24 | 32.5 | 65 | 50 | 100 | 120 | AM24×135 | A24×65 | M24 | M24×140 | 2.5×28×115 | M10×12 | 5n6×20 |
| M24 | 42.5 | 65 | 50 | 125 | 145 | AM24×160 | A24×75 | M24 | M24×170 | 2.5×28×115 | M10×12 | 5n6×20 |

　　楔槽式快速夹紧装置由顶杆、手柄、螺母、螺钉等构成，其结构如图 5-18 所示。

　　浮动式台虎钳由底座、螺栓、切向夹紧套、垫圈等构成，其结构如图 5-19 所示。

　　螺旋式自定心台虎钳由卡爪、滑座、钳口、底座、螺杆等构成，其结构如图 5-20 所示。

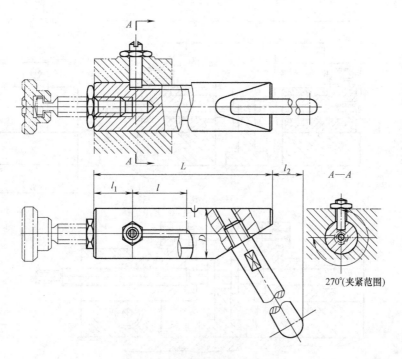

图 5-18 楔槽式快速夹紧装置

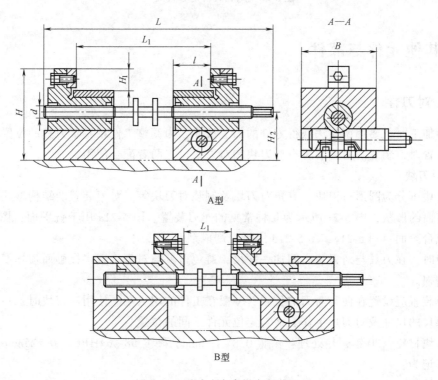

图 5-19 浮动式台虎钳夹紧装置

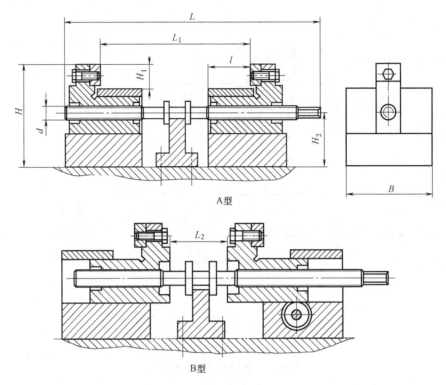

图 5-20　螺旋式自定心台虎钳

# 5.9　其他元件与部件

## 5.9.1　对刀件

铣削加工时，要用调整法获得零件的加工尺寸，为调整工件相对于刀具的位置，铣床夹具一般设置对刀装置。对刀装置有对刀块和对刀塞尺，两者配合使用。

**1. 对刀块**

对刀块可分为圆形对刀块、直角对刀块及侧装对刀块等。对刀装置的结构型式取决于工件加工表面的形状，图 5-21 所示为几种常见的对刀装置。图 5-21a 用于铣平面；图 5-21b 用于铣槽或台阶面；图 5-21c、图 5-21d 用于铣削成型面。

对刀时，在刀具与对刀块之间加一塞尺，避免刀具与对刀块直接接触而损坏刀刃或造成对刀块磨损。

对刀装置应设置在便于对刀的位置，一般在工件的切入端。使用对刀块时，夹具总图上应标明塞尺的尺寸及对刀块工作表面与定位元件之间的位置。

对刀块材料：20 钢；热处理：渗碳 0.8~1.2mm，硬度 58~64HRC。$D=25mm$ 的圆形对刀块的标记为：

对刀块 25　JB/T 8031.1—1999。

圆形对刀块的结构和尺寸如图 5-22 和表 5-60 所示。

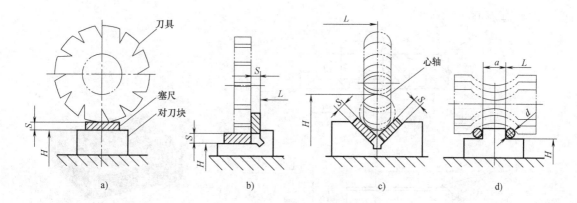

图 5-21    几种常见的对刀装置

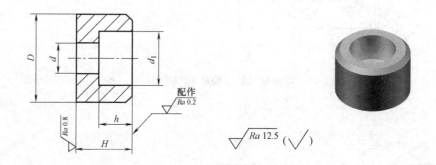

图 5-22    圆形对刀块 (摘自 JB/T 8031.1—1999)

表 5-60    圆形对刀块各部尺寸                                      (单位：mm)

| $d$ | $H$ | $h$ | $d$ | $d_1$ |
|---|---|---|---|---|
| 16 | 10 | 6 | 5.5 | 10 |
| 25 | 10 | 7 | 6.6 | 12 |

方形对刀块 (JB/T 8031.2—1999) 尺寸数据如图 5-23 所示。

直角对刀块 (JB/T 8031.3—1999) 尺寸数据如图 5-24 所示。

侧装对刀块 (JB/T 8031.4—1999) 尺寸数据如图 5-25 所示。

**2. 对刀塞尺**

塞尺有平塞尺和圆柱形塞尺两种，平塞尺厚度一般为 1mm、2mm、3mm，圆柱形塞尺直径常用 3mm 或 5mm。对刀块与塞尺均已标准化。对刀塞尺可使对刀调整时，避免损坏刀具和对刀块的工作表面，对刀塞尺分为对刀平塞尺和对刀圆柱塞尺两种。

材料：T8；热处理：硬度 55~60HRC。对刀平塞尺 (JB/T 8032.1—1999) 尺寸数据如图 5-26 和表 5-61 所示。

对刀圆柱塞尺 (JB/T 8032.2—1999) 尺寸数据如图 5-27 和表 5-62 所示。

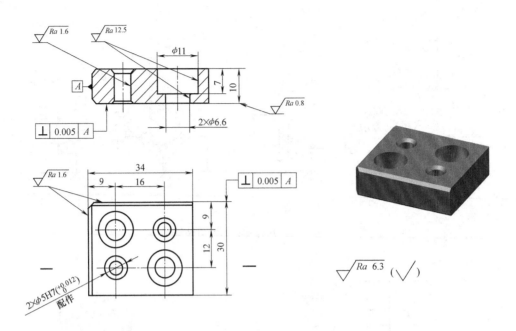

图 5-23  方形对刀块（摘自 JB/T 8031.2—1999）

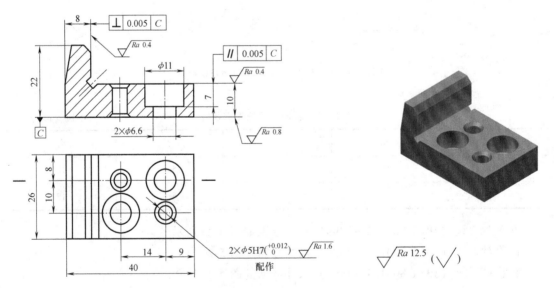

图 5-24  直角对刀块（摘自 JB/T 8031.3—1999）

表 5-61  对刀平塞尺尺寸 （单位：mm）

| H | 1 | 2 | 3 | 4 | 5 |
|---|---|---|---|---|---|
| Hh8 | 0/−0.014 | 0/−0.014 | 0/−0.014 | 0/−0.018 | 0/−0.018 |

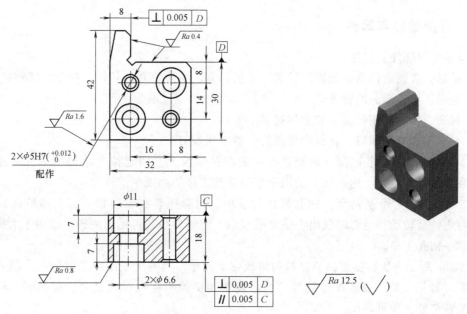

图 5-25 侧装对刀块（摘自 JB/T 8031.4—1999）

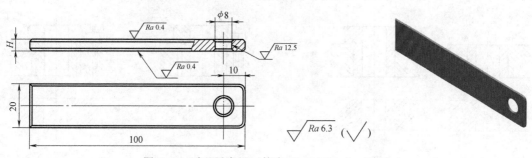

图 5-26 对刀平塞尺（摘自 JB/T 8032.1—1999）

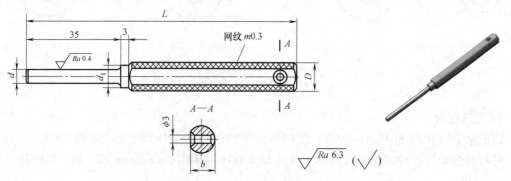

图 5-27 对刀圆柱塞尺（摘自 JB/T 8032.2—1999）

表 5-62 对刀圆柱塞尺各部尺寸（摘自 JB/T 8032.2—1999） （单位：mm）

| $d$ | $D$ | $L$ | $d_1$ | $b$ |
|---|---|---|---|---|
| 3 | 7 | 90 | 5 | 6 |
| 5 | 10 | 100 | 8 | 9 |

### 5.9.2 导向零件与部件

导向零件与部件，包括：

1）钻套，含固定钻套、长固定钻套、可换钻套、快换钻套、长快换钻套、薄壁钻套。

2）镗套，含镗套、回转导套。

3）衬套，含钻套用衬套、镗套用衬套。

4）钻套和镗套用螺钉，含钻套用螺钉、镗套用螺钉。

图 5-28a 所示为固定钻套，钻套直接压装在钻模板上。固定钻套结构简单，钻孔精度高，但磨损后不能更换。固定钻套适用于单一钻孔工序的小批生产。

图 5-28b 所示为可换钻套，钻套装在衬套中，衬套压装在钻模板上，由螺钉将钻套压紧，以防止钻套转动和退刀时脱出。钻套磨损后，将螺钉松开可迅速更换。适用于大批量生产时的单一钻孔工序。

图 5-28c 所示为快换钻套，其结构与可换钻套相似。当一个工序中工件同一孔须经多种加工工步（如钻、扩、铰或攻螺纹等）时，能快速更换不同孔径的钻套。更换时，将钻套缺口转至螺钉处，即可取出。

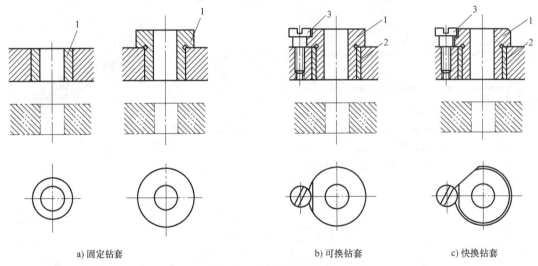

a) 固定钻套        b) 可换钻套        c) 快换钻套

图 5-28 标准钻套类型

1—钻套 2—衬套 3—钻套螺钉

#### 1. 固定钻套

固定钻套（JB/T 8045.1—1999）结构如图 5-29 所示，具体尺寸可参考表 5-63。

材料及热处理：$d \leqslant 25$mm，T10A，淬火硬度 60~64HRC；$d > 25$mm，20 钢，渗碳淬火硬度 60~64HRC。

#### 2. 钻套用衬套

钻套用衬套（JB/T 8045.4—1999）结构如图 5-30 所示，具体尺寸可参考表 5-64。

材料及热处理：

$d \leqslant 25$mm，T10A，淬火硬度 60~64HRC；

$d > 25$mm，20 钢，渗碳淬火硬度 60~64HRC。

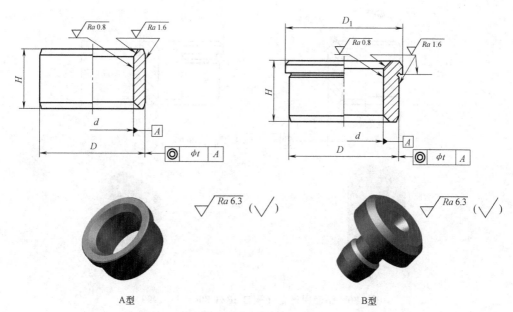

图 5-29　固定钻套（摘自 JB/T 8045.1—1999）

表 5-63　固定钻套各部尺寸　　　　　　　　　　（单位：mm）

| $d$ | $D$ | $D_1$ | $H$ | $t$ |
|---|---|---|---|---|
| >0~1 | 3 | 6 | 6,9 | 0.008 |
| >1~1.8 | 4 | 7 | 6,9 | 0.008 |
| >1.8~2.6 | 5 | 8 | 6,9 | 0.008 |
| >2.6~3 | 6 | 9 | 8,12,16 | 0.008 |
| >3~3.3 | 6 | 9 | 8,12,16 | 0.008 |
| >3.3~4 | 7 | 10 | 8,12,16 | 0.008 |
| >4~5 | 8 | 11 | 8,12,16 | 0.008 |
| >5~6 | 10 | 13 | 10,16,20 | 0.008 |
| >6~8 | 12 | 15 | 10,16,20 | 0.008 |
| >8~10 | 15 | 18 | 12,20,25 | 0.008 |
| >10~12 | 18 | 22 | 12,20,25 | 0.008 |
| >12~15 | 22 | 26 | 16,28,36 | 0.008 |
| >15~18 | 26 | 30 | 16,28,36 | 0.012 |

### 3. 可换钻套

可换钻套（JB/T 8045.2—1999）结构如图 5-31 所示，具体尺寸可参考表 5-65。

材料及热处理：

$d \leqslant 26$mm，T10A，硬度 58~64HRC；$d>26$mm，20 钢，渗碳 0.8~1.2mm，硬度 58~64HRC。

标记示例：

$d=28$mm，公差 F7，$D=42$mm，公差 k6，$H=30$mm 的可换钻套标记为：

钻套 28F7×42k6×30 JB/T 8045.2—1999。

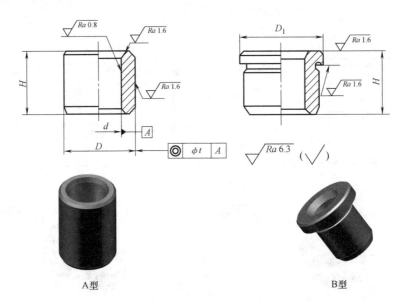

A型  B型

图 5-30  钻套用衬套（摘自 JB/T 8045.4—1999）

表 5-64  钻套用衬套各部尺寸 （单位：mm）

| d | D | $D_1$ | H | t |
|---|---|---|---|---|
| 8 | 12 | 15 | 10,16 | 0.008 |
| 10 | 15 | 18 | 12,20,25 | 0.008 |
| 12 | 18 | 22 | 12,20,25 | 0.008 |
| 15 | 22 | 26 | 16,28,36 | 0.008 |
| 18 | 26 | 30 | 16,28,36 | 0.012 |
| 22 | 30 | 34 | 20,36,45 | 0.012 |
| 26 | 35 | 39 | 20,36,45 | 0.012 |
| 30 | 42 | 46 | 25,45,56 | 0.012 |

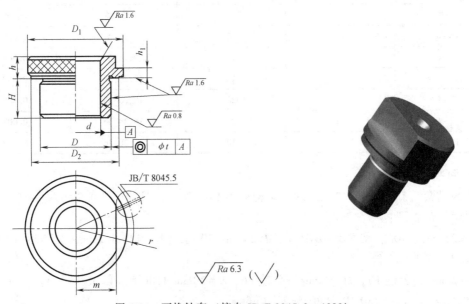

图 5-31  可换钻套（摘自 JB/T 8045.2—1999）

表 5-65 可换钻套各部尺寸 （单位：mm）

| $d$ | $D$ | $D_1$ | $D_2$ | $H$ | $h$ | $h_1$ | $r$ | $m$ | $t$ | 配用螺钉 |
|---|---|---|---|---|---|---|---|---|---|---|
| >0~3 | 8 | 15 | 12 | 10,16 | 8 | 3 | 11.5 | 4.2 | 0.008 | M5 |
| >3~4 | 8 | 15 | 12 | 10,16 | 8 | 3 | 11.5 | 4.2 | 0.008 | M5 |
| >4~6 | 10 | 18 | 15 | 12,20,25 | 8 | 3 | 13 | 5.5 | 0.008 | M5 |
| >6~8 | 12 | 22 | 18 | 12,20,25 | 10 | 4 | 16 | 7 | 0.008 | M6 |
| >8~10 | 15 | 26 | 22 | 16,28,36 | 10 | 4 | 18 | 9 | 0.008 | M6 |
| >10~12 | 18 | 30 | 26 | 16,28,36 | 10 | 4 | 20 | 11 | 0.008 | M6 |
| >12~15 | 22 | 34 | 30 | 20,36,45 | 12 | 5.5 | 23.5 | 12 | 0.008 | M8 |
| >15~18 | 26 | 39 | 35 | 20,36,45 | 12 | 5.5 | 26 | 14.5 | 0.012 | M8 |
| >18~22 | 30 | 46 | 42 | 25,45,56 | 12 | 5.5 | 29.5 | 18 | 0.012 | M8 |
| >22~26 | 35 | 52 | 46 | 25,45,56 | 12 | 5.5 | 32.5 | 21 | 0.012 | M8 |
| >26~30 | 42 | 59 | 53 | 30,56,67 | 12 | 5.5 | 36 | 24.5 | 0.012 | M8 |

**4. 快换钻套**

快换钻套（JB/T 8045.3—1999）结构如图 5-32 所示，具体尺寸可参考表 5-66。

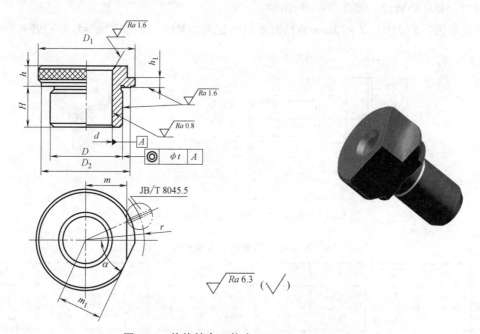

图 5-32 快换钻套（摘自 JB/T 8045.3—1999）

材料及热处理：

$d \leqslant 26$mm，T10A，硬度 58~64HRC；

$d > 26$mm，20 钢，渗碳 0.8~1.2mm，硬度 58~64HRC。

标记示例：$d = 28$mm，公差 F7，$D = 42$mm，公差 k6，$H = 30$mm 的快换钻套标记为：

钻套 28F7×42k6×30 JB/T 8045.3—1999。

表 5-66　快换钻套各部尺寸　　　　　　　　　　（单位：mm）

| $d$ | $D$ | $D_1$ | $D_2$ | $H$ | $h$ | $h_1$ | $r$ | $m$ | $m_1$ | $\alpha$ | $t$ | 配用螺钉 |
|---|---|---|---|---|---|---|---|---|---|---|---|---|
| >0~3 | 8 | 15 | 12 | 10,16 | 8 | 3 | 11.5 | 4.2 | 4.2 | 50° | 0.008 | M5 |
| >3~4 | 8 | 15 | 12 | 10,16 | 8 | 3 | 11.5 | 4.2 | 4.2 | 50° | 0.008 | M5 |
| >4~6 | 10 | 18 | 15 | 12,20,25 | 8 | 3 | 13 | 6.5 | 5.5 | 50° | 0.088 | M5 |
| >6~8 | 12 | 22 | 18 | 12,20,25 | 10 | 4 | 16 | 7 | 7 | 50° | 0.088 | M6 |
| >8~10 | 15 | 26 | 22 | 16,28,36 | 10 | 4 | 18 | 9 | 9 | 55° | 0.088 | M6 |
| >10~12 | 18 | 30 | 26 | 16,28,36 | 10 | 4 | 20 | 11 | 11 | 55° | 0.088 | M6 |
| >12~15 | 22 | 34 | 30 | 20,36,45 | 12 | 5.5 | 23.5 | 12 | 12 | 55° | 0.088 | M8 |
| >15~18 | 26 | 39 | 35 | 20,36,45 | 12 | 5.5 | 26 | 14.5 | 14.5 | 55° | 0.012 | M8 |
| >18~22 | 30 | 46 | 42 | 25,45,56 | 12 | 5.5 | 29.5 | 18 | 18 | 55° | 0.012 | M8 |
| >22~26 | 35 | 52 | 46 | 25,45,56 | 12 | 5.5 | 32.5 | 21 | 21 | 55° | 0.012 | M8 |
| >26~30 | 42 | 59 | 53 | 30,56,67 | 12 | 5.5 | 36 | 24.5 | 25 | 55° | 0.012 | M8 |

### 5. 钻套螺钉

钻套螺钉（JB/T 8045.5—1999）结构如图 5-33 所示，具体尺寸可参考表 5-67。

材料：45；热处理：硬度 35~40HRC。

标记示例：$d$=M10，$L$=13mm 的钻套螺钉标记为：M10×13 JB/T 8045.5—1999。

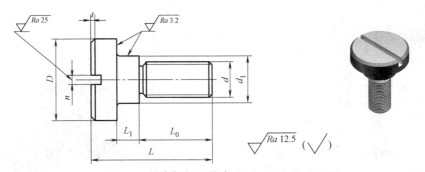

图 5-33　钻套螺钉（摘自 JB/T 8045.5—1999）

表 5-67　钻套螺钉各部尺寸　　　　　　　　　　（单位：mm）

| $d$ | $L_1$ | $d_1$ | $D$ | $d_2$ | $L$ | $L_0$ | $n$ | $t$ | 钻套内径 |
|---|---|---|---|---|---|---|---|---|---|
| M5 | 3 | 7.5 | 13 | 3.7 | 15 | 9 | 1.2 | 1.7 | >0~6 |
| M5 | 6 | 7.5 | 13 | 3.7 | 18 | 9 | 1.2 | 1.7 | >0~6 |
| M6 | 4 | 9.5 | 16 | 4.4 | 18 | 10 | 1.5 | 2 | >6~12 |
| M6 | 8 | 9.5 | 16 | 4.4 | 22 | 10 | 1.5 | 2 | >6~12 |
| M8 | 5.5 | 12 | 20 | 6 | 22 | 11.5 | 2 | 2.5 | >12~30 |
| M8 | 10.5 | 12 | 20 | 6 | 27 | 11.5 | 2 | 2.5 | >12~30 |
| M10 | 7 | 15 | 24 | 7.7 | 32 | 18.5 | 2.5 | 3 | >30~85 |
| M10 | 13 | 15 | 24 | 7.7 | 38 | 18.5 | 2.5 | 3 | >30~85 |

#### 6. 钻套高度和排屑空间

钻套高度和排屑空间的确定对钻模的设计也很重要，如图 5-34 所示，钻套高度 $H$ 增大，则导向性能好，刀具刚度提高，加工精度高，但钻套与刀具的磨损加剧。排屑空间 $h$ 增大，排屑方便，但导向性能差，孔的加工精度会降低。

钻套高度和排屑空间的选取可参考表 5-68。

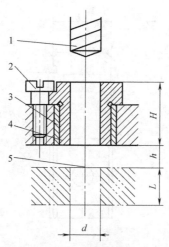

图 5-34　钻套高度和排屑空间

1—钻头　2—钻套螺钉　3—衬套　4—钻套　5—孔

表 5-68　钻套的选取

| 项目 | 取值 | 选取原则 |
| --- | --- | --- |
| 钻套高度 $H$ | $H=(1.5\sim2)d$ | 一般螺钉孔、销钉孔或孔距公差 $\delta_L>+0.25$mm 或 $\delta_L<-0.25$mm 的孔 |
| | $H=(2.5\sim3.5)d$ | 精度 H6 或 H7、孔径 $d>\phi12$mm 的孔或 $\delta_L=\pm0.15$mm 的孔 |
| | $H=(1.25\sim1.5)(h+L)$ | 精度 H7 或 H8、孔距公差 $\delta_L=\pm0.06\sim0.10$mm 的孔 |
| 钻套与工件距离 $h$ | $h=(0.3\sim0.7)d$ | 加工铸铁材料的硬度大时，系数取小值；孔位置精度要求高时，允许 $h=0$；当 $L/d>5$，$h=1.5d$ |

注：$\delta_L$ 为孔距公差；$d$ 为孔径；$L$ 为孔深；$h$ 为钻套与工件距离。

### 5.9.3　定位键

键，包括定位键和定向键。

夹具在机床上必须安装，才能保证工件与刀具的相对位置，在机床上进行夹具安装的元件称为连接元件。对于铣床、刨床、钻床、镗床等机床，夹具都是安装在工作台上，为了确定夹具相对于机床的位置，一般用两个定位键定位，用一组螺栓夹紧。

定位键有矩形和半圆形两种，半圆形定位键容易加工，但较易磨损，故使用不多。矩形定位键如图 5-35 所示，其上部与夹具体底面上的槽配合，下部与机床工作台上的 T 形槽配合。夹具在工作台上的夹紧是在夹具体上设计几个开口耳座，用 T 形槽螺栓和螺母进行夹紧。钻床夹具一般不固定，如果孔比较大，或用摇臂钻床加工时，可用压板固定或用开口耳座固定，但钻床夹具不用定位键。

定位键（JB/T 8016—1999）尺寸见表5-69。

材料：45；热处理：硬度40~45HRC。

标记示例：

$B=28$mm，公差为h6的A型定位键标记为：定位键 A28h6 JB/T 8016—1999。

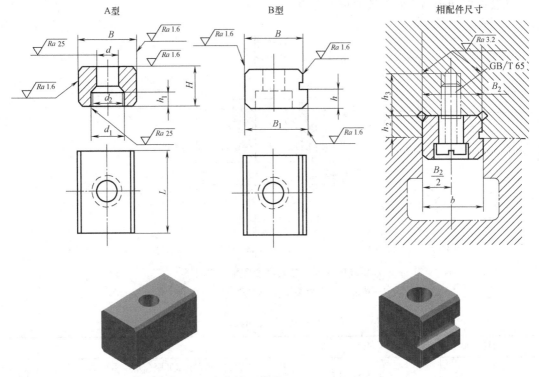

图5-35　定位键（摘自 JB/T 8016—1999）

表5-69　定位键各部尺寸　　　　　　　　　　　　　　（单位：mm）

| $B$ | $B_1$ | $L$ | $H$ | $h$ | $h_1$ | $d$ | $d_1$ | $d_2$ | T形槽宽度 | $B_2$ | $h_2$ | $h_3$ | 螺钉 GB/T 65 |
|---|---|---|---|---|---|---|---|---|---|---|---|---|---|
| 8 | 8 | 14 | 8 | 3 | 3.4 | 3.4 | 6 | — | 8 | 8 | 4 | 8 | M3×10 |
| 10 | 10 | 16 | 8 | 3 | 4.6 | 4.5 | 8 | — | 10 | 10 | 4 | 8 | M4×10 |
| 12 | 12 | 20 | 8 | 3 | 5.7 | 5.5 | 10 | — | 12 | 12 | 4 | 10 | M5×12 |
| 14 | 14 | 20 | 8 | 3 | 5.7 | 5.5 | 10 | — | 14 | 14 | 4 | 10 | M5×12 |
| 16 | 16 | 25 | 10 | 4 | 6.8 | 6.6 | 11 | — | 16 | 16 | 5 | 13 | M6×16 |
| 18 | 18 | 25 | 12 | 5 | 6.8 | 6.6 | 11 | — | 18 | 18 | 6 | 13 | M6×16 |
| 20 | 20 | 32 | 12 | 5 | 6.8 | 6.6 | 11 | — | 20 | 20 | 6 | 13 | M6×16 |
| 22 | 22 | 32 | 12 | 5 | 6.8 | 6.6 | 11 | — | 22 | 22 | 6 | 13 | M6×16 |
| 24 | 24 | 40 | 14 | 6 | 9 | 9 | 15 | — | 24 | 24 | 7 | 15 | M8×20 |
| 28 | 28 | 40 | 16 | 7 | 9 | 9 | 15 | — | 28 | 28 | 8 | 15 | M8×20 |
| 36 | 36 | 50 | 20 | 9 | 13 | 13.5 | 20 | 16 | 36 | 36 | 10 | 18 | M12×25 |
| 42 | 42 | 60 | 24 | 10 | 13 | 13.5 | 20 | 16 | 42 | 42 | 12 | 18 | M12×30 |
| 48 | 48 | 70 | 28 | 12 | 17.5 | 17.5 | 26 | 18 | 48 | 48 | 14 | 22 | M16×35 |
| 54 | 54 | 80 | 32 | 14 | 17.5 | 17.5 | 26 | 18 | 54 | 54 | 16 | 22 | M16×40 |

### 5.9.4 操作件

操作件,包括:

1) 操作件,含活动手柄、固定手柄、握柄、焊接手柄、杠杆式手柄、直手柄、弯手柄、圆头平手柄、圆头斜手柄、圆头斜形方孔手柄、锥形手柄、螺纹头凸肚手柄、U形手柄、装配手柄。

2) 把手,含滚花把手、星形把手。

**1. 滚花把手**

滚花把手结构如图5-36所示,各部尺寸见表5-70。

材料:Q235A。

标记示例:

$d = 8$mm 的滚花把手标记为:把手 8 JB/T 8023.1—1999。

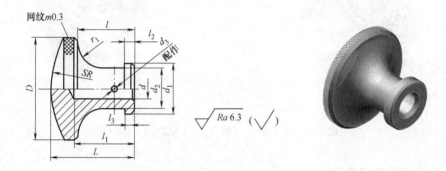

图 5-36 滚花把手(摘自 JB/T 8023.1—1999)

表 5-70 滚花把手各部尺寸 (单位:mm)

| $d$ | $D$ | $L$ | $SR$ | $r_1$ | $d_1$ | $d_2$ | $d_3$ | $l$ | $l_1$ | $l_2$ | $l_3$ |
|---|---|---|---|---|---|---|---|---|---|---|---|
| 6 | 30 | 25 | 30 | 8 | 15 | 12 | 2 | 17 | 18 | 3 | 6 |
| 8 | 35 | 30 | 35 | 8 | 18 | 15 | 3 | 20 | 20 | 3 | 8 |
| 10 | 40 | 35 | 40 | 10 | 22 | 18 | 3 | 24 | 25 | 5 | 10 |

**2. 星形把手**

星形把手(JB/T 8023.2—1999)如图5-37所示,各部尺寸见表5-71。

材料:ZG45。零件表面应经喷砂处理。

标记示例:

$d = 10$mm 的 A 型星形把手标记为把手 A10 JB/T 8023.2—1999。

$d = $M10mm 的 B 型星形把手标记为把手 B10 JB/T 8023.2—1999。

表 5-71 星形把手各部尺寸 (单位:mm)

| $d$ | $d_1$ | $D$ | $H$ | $d_2$ | $d_3$ | $d_4$ | $h$ | $h_1$ | $b$ | $r$ |
|---|---|---|---|---|---|---|---|---|---|---|
| 6 | M6 | 32 | 18 | 14 | 14 | 2 | 8 | 5 | 6 | 16 |
| 8 | M8 | 40 | 22 | 18 | 16 | 2 | 10 | 6 | 8 | 20 |
| 10 | M10 | 50 | 26 | 22 | 25 | 3 | 12 | 7 | 10 | 25 |
| 12 | M12 | 65 | 35 | 24 | 32 | 3 | 16 | 9 | 12 | 32 |
| 16 | M16 | 80 | 45 | 30 | 40 | 4 | 20 | 11 | 15 | 40 |

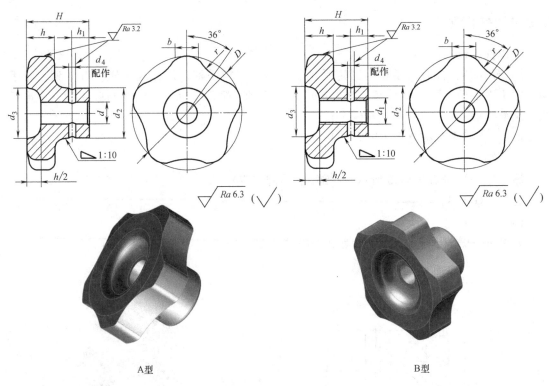

A型                                    B型

图 5-37    星形把手（摘自 JB/T 8023.2—1999）

## 5.9.5    对定零件与部件

对定零件与部件，包括手拉式定位器、枪栓式定位器、齿条式定位器。

### 1. 手拉式定位器

手拉式定位器如图 5-38 所示。手拉式定位器由定位销、导套、螺钉、把手等组成。

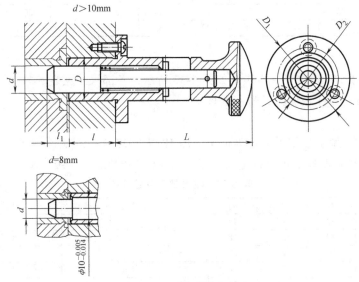

图 5-38    手拉式定位器

## 2. 枪栓式定位器

枪栓式定位器（JB/T 8021.2—1999）如图 5-39 所示。枪栓式定位器由定位销、壳体、轴等组成。

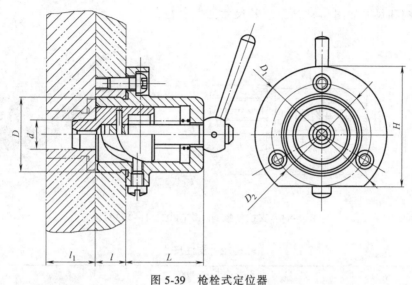

图 5-39　枪栓式定位器

## 3. 齿条式定位器

齿条式定位器如图 5-40 所示。齿条式定位器由定位销、轴、销套、螺塞等组成。

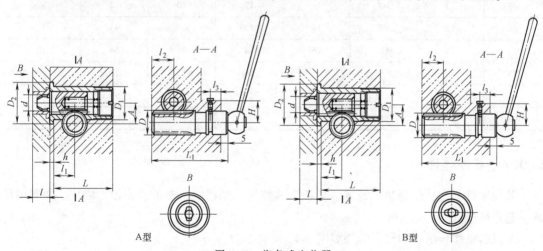

图 5-40　齿条式定位器

## 5.9.6　支撑用零部件

支撑用零部件，包括：

1）支柱。

2）万能支柱。

3）螺钉式支柱。

4）螺钉式支座。

5）支脚，含低支脚、高支脚。

6）角铁，含等边固定角铁、等边宽固定角铁、不等边窄固定角铁、不等边宽固定角铁。

支柱结构和尺寸如图 5-41 所示，其尺寸见表 5-72。

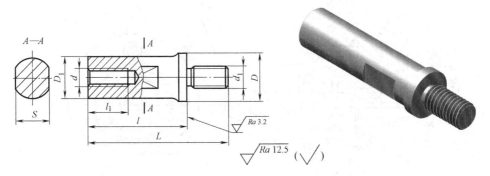

图 5-41　支柱（摘自 JB/T 8027.1—1999）

表 5-72　支柱尺寸　　　　　　　　　　　　　　　　　　　　　　（单位：mm）

| $d$ | $L$ | $d_1$ | $D$ | $D_1$ | $S$ | $l$ | $l_1$ |
| --- | --- | --- | --- | --- | --- | --- | --- |
| M5 | 35 | M6 | 12 | 8 | 8 | 25 | 10 |
| M5 | 40 | M8 | 12 | 8 | 8 | 28 | 10 |
| M6 | 45 | M8 | 14 | 12 | 10 | 32 | 12 |
| M6 | 60 | M8 | 14 | 12 | 10 | 45 | 12 |
| M6 | 75 | M10 | 16 | 14 | 11 | 58 | 12 |
| M8 | 90 | M12 | 22 | 16 | 13 | 70 | 16 |
| M8 | 110 | M12 | 22 | 16 | 13 | 90 | 16 |
| M10 | 140 | M16 | 30 | 20 | 16 | 115 | 20 |

## 5.9.7　其他零件

其他零件，包括铰链轴、螺塞、导板、薄挡块、厚挡块、支板、锁扣、堵片、弹簧用吊环、起重螺栓。

A 型起重螺栓结构和尺寸分别如图 5-42 和表 5-73 所示。

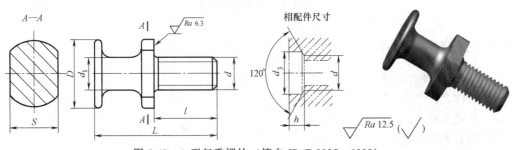

图 5-42　A 型起重螺栓（摘自 JB/T 8025—1999）

表 5-73　A 型起重螺栓尺寸　　　　　　　　　（单位：mm）

| $d$ | $D$ | $L$ | $S$ | $d_1$ | $l$ | $d_3$ | $h$ | 允许载荷/N |
|------|------|------|------|------|------|------|------|------|
| M12 | 28 | 52 | 24 | 12 | 25 | 17 | 6 | 1300 |
| M16 | 35 | 62 | 27 | 16 | 32 | 22 | 6 | 1900 |
| M20 | 42 | 75 | 32 | 20 | 38 | 28 | 8 | 2600 |
| M24 | 50 | 90 | 36 | 24 | 45 | 32 | 9 | 3900 |
| M30 | 65 | 110 | 50 | 30 | 54 | 39 | 10 | 6500 |

# 典型设计题目与夹具示例

本章将介绍 CA6140 后托架的 7 个零件，给出每个零件的二维工程图，并给出该零件的三维模型，可作为课程设计选作题目。

每个零件的介绍完成，针对该零件的典型工序，给出了几个工序的专用机床夹具的三维装配模型，可供设计时参考。

## 6.1  CA6140 后托架

CA6140 后托架零件图如图 6-1 所示。该零件为 CA6140 的后端支承件，其中平行的三个孔用来分别支承丝杠、光杠和开关杠，三者和安装底面之间有一定的位置要求。CA6140 后托架三维模型如图 6-2 所示。

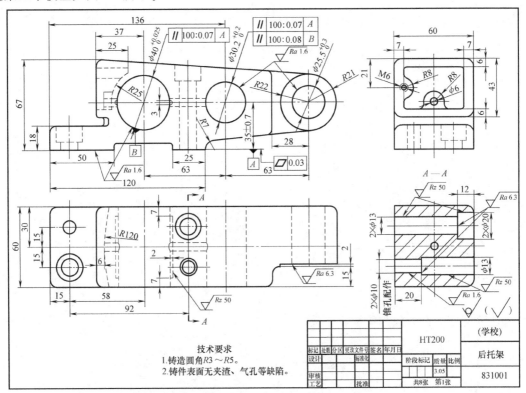

图 6-1  后托架零件图

### 6.1.1　铣削底平面夹具

在后托架底面加工时，工艺要求铣削，这里给出粗铣后托架底平面的夹具结构示例三维模型，如图 6-3 所示。

夹具的定位：①右侧可移动的长 V 形块限制工件的 3 个自由度；②后侧面 1 个支承钉限制工件的 1 个自由度；③左侧水平方向 1 个支承钉限制工件的 1 个自由度；④左侧垂直方向 1 个支承钉限制工件的 1 个自由度；不存在过定位问题。

图 6-2　CA6140 后托架三维模型

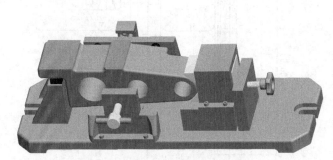

图 6-3　铣削底平面的夹具三维模型

夹具的夹紧采用手动夹紧方式，两处夹紧配置：①前面采用单螺旋夹紧机构；②右侧面采用带可移动的 V 形块的螺旋夹紧机构。在夹紧和松开工件时比较费时费力，但由于该工件有体积小、工件材料易切削、切削力不大等特点，该夹具这样配置较为合理。

### 6.1.2　镗削三孔夹具

CA6140 后托架三个孔的加工可采用镗削工序，这里给出镗削三孔的机床夹具结构示例三维模型如图 6-4 所示。

夹具的定位：由零件图可知，$\phi40\text{mm}$、$\phi30.2\text{mm}$、$\phi25.5\text{mm}$ 三个孔的轴线与底平面有平行度公差要求，在对孔进行加工前，底平面进行了粗铣加工。因此，选底平面为定位精基准（设计基准）来满足平行度公差要求。

孔 $\phi40\text{mm}$、$\phi30.2\text{mm}$、$\phi25.5\text{mm}$ 的轴线间有位置公差，选择左侧面为定位基准来设计镗模，从而满足孔轴线间的位置公差要求。定位用底平面和两个侧面共限制工件的 6 个自由度。

夹具的夹紧采用两处夹紧配置：①侧面采用单螺旋夹紧机构；②顶面采用压板-螺旋夹紧机构。

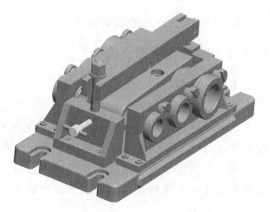

图 6-4　镗削三孔的夹具三维模型

## 6.2 CA6140 法兰盘

CA6140 法兰盘零件图如图 6-5 所示。法兰盘为盘类零件，用于小刀架的调整。中心 φ20mm 的孔用于安装手轮的转轴，有配合要求。φ45mm 外圆用于法兰盘的安装，精度要求较高。

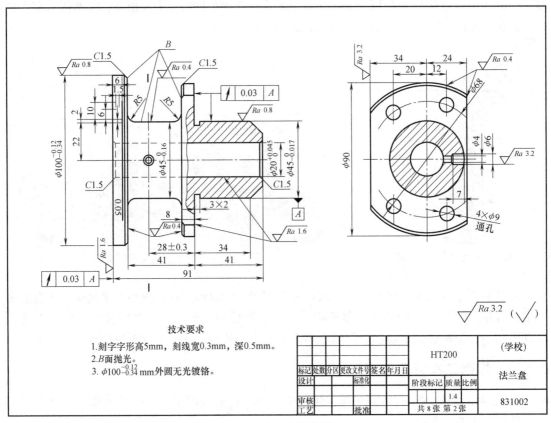

技术要求

1.刻字字形高5mm，刻线宽0.3mm，深0.5mm。
2.B 面抛光。
3. φ100$^{-0.12}_{-0.34}$ mm 外圆无光镀铬。

| | | | | | | | HT200 | (学校) |
|---|---|---|---|---|---|---|---|---|
| 标记 | 处数 | 分区 | 更改文件号 | 签名 | 年月日 | | | 法兰盘 |
| 设计 | | | 标准化 | | | 阶段标记 | 质量 比例 | |
| 审核 | | | | | | | 1:4 | 831002 |
| 工艺 | | | 批准 | | | 共 8 张 第 2 张 | | |

图 6-5　法兰盘零件图

CA6140 法兰盘三维模型如图 6-6 所示。

### 6.2.1　粗铣侧平面夹具

本套夹具是针对 φ90mm 平面的两侧平面的铣削加工来设计的，这里给出粗铣侧平面的夹具三维模型如图 6-7 所示。

夹具的定位：选择 φ100mm 侧平面作为主要定位基准。采用 1 个支承板（限制 3 个自由度）和 1 个定位销（心轴）（限制 2 个自由度）共限制工件的 5 个自由度。

夹具的夹紧：针对成批量生产的工艺特征，夹具选用气缸通过联动的铰链机构带动转动压板夹紧工件。进行加工之前应该进行试夹，然后将夹具调整到最合适的夹紧位置。

### 6.2.2　钻台阶孔夹具

CA6140 法兰盘钻台阶孔夹具的三维模型如图 6-8 所示。

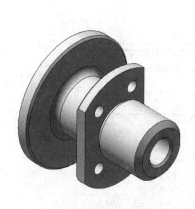

图 6-6 CA6140 法兰盘三维模型

图 6-7 粗铣法兰盘侧平面的夹具三维模型

本夹具可用于钻、铰 $\phi$4mm、$\phi$6mm 的台阶孔，由于台阶孔位于圆柱外圆表面上，并且相对 $\phi$90mm 外圆端面的位置精度为 28±0.3mm，基于以上因素，采用了气缸带动铰链机构夹紧工件，为了便于拆卸工件，设计了翻转式钻模板。

夹具的定位：本夹具采用了 V 形块（限制 4 个自由度）、固定式定位销（限制 1 个自由度）和挡销（限制 1 个自由度）达到完全定位。夹具的夹紧：夹紧装置采用了气缸带动对称联动结构螺钉支座→连接器→铰链叉座→钩型压板，最终由钩型压板夹紧工件。在夹具的底座和支承板上各有一个进气（出气）孔，通过两孔的充气放气可以实现工件的夹紧和松开。夹紧工件的范围由铰链叉座和螺钉支座上的六角螺母调节。

图 6-8 钻台阶孔夹具三维模型

## 6.3 CA6140 拨叉 1

CA6140 拨叉 1 零件图如图 6-9 所示。关键面为花键和 18mm 叉口。CA6140 拨叉 1 三维模型如图 6-10 所示。

### 6.3.1 粗铣 18mm 槽夹具

在加工 18mm 槽时，工艺要求铣削，这里给出粗铣 18mm 槽的夹具结构示例三维模型如图 6-11 所示。

夹具的定位：以花键孔和端面为定位基准，花键轴限制 5 个自由度，支承板限制 1 个自由度。

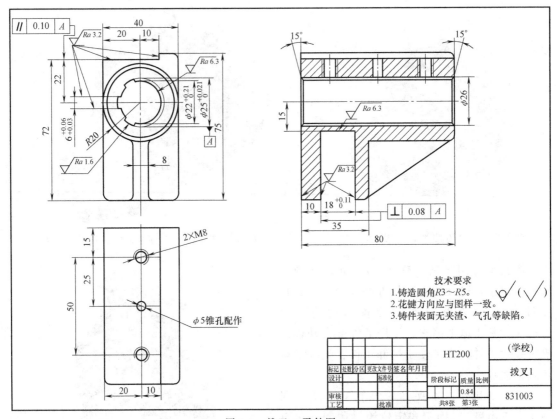

图 6-9　拨叉 1 零件图

图 6-10　CA6140 拨叉 1 三维模型

图 6-11　粗铣 18mm 槽的夹具三维模型

夹具的夹紧：依靠气缸的活塞杆端部的斜楔伸缩推动导杆顶起有杠杆作用的压块，夹紧挡块，从而夹紧工件。当气缸放开工件时，向外抽走"挡块-滑杆"组合，腾出空间，实现了工件的装卸操作。夹具结构复杂、机构紧凑、操作简单、稳重可靠、外形尺寸小（286mm×266mm×240mm）、可实现自动夹紧。

### 6.3.2　精铣 18mm 槽的夹具

在加工 18mm 槽时，工艺要求铣削，这里给出精铣 18mm 槽的夹具结构示例三维模型如图 6-12 所示。

夹具的定位：以花键孔和端面为定位基准，花键轴限制 5 个自由度，自定心支承限制工件的 1 个自由度。

夹具的夹紧：这个夹具气缸在夹具体一侧，其他都在另一侧，气缸通过长螺栓和活塞杆连接，作伸缩运动，因为压板有螺栓向里拉，还有弹簧向外顶，所以活塞伸缩时压板也能跟着做轴向移动，用于夹紧和松开工件。

在气缸活塞杆向外运动时，松开压板，只需把压板旋转 90°，由于压板的宽度小于两工件之间的间隙，压板处于两个工件之间，直接取出工件，完成装卸工作。压板和螺栓之间还是一对球面垫圈，当工件总长度有差异时，通过这对球面垫圈能让压板做适量的摆动，使两工件夹紧力一致，从而提高夹紧效果。

主要特点就是结构简单，外形小，长宽高尺寸为 330mm×275mm×175mm，零件紧凑，可实现自动夹紧。

### 6.3.3　钻 2×M8 孔夹具

在加工拨叉 1 底面孔时，工艺要求钻削，这里给出钻 2×M8 孔的夹具结构示例三维模型如图 6-13 所示。

图 6-12　精铣 18mm 槽的夹具三维模型　　　　图 6-13　钻 2×M8 孔的夹具三维模型

夹具的定位：由于本夹具是钻床夹具，在钻床上加工，工件受力主要为竖直方向，即为刀具的轴向方向，可以采用夹紧力较小的手动夹紧方式来进行径向方向的夹紧，轴向靠工作台支承来抵消钻孔时产生的切削力。用工件的 $\phi$22mm 通孔作为定位基准，用长心轴来定位，限制工件的 4 个自由度；用 2 个定位销分别实现侧面定位，各限制工件的 1 个自由度，实现工件的完全定位。

夹具的夹紧：采用螺旋压板机构。

夹具的工作过程：松动活节螺栓，顺时针转动活节螺栓，这时转动压板也能顺时针转动，工件右端面部分夹紧元件（圆压块）被移走，工件拆卸；装上工件，先把转动压板转到工件右端面,然后再把活节螺栓转到转动压板,拧紧带肩六角螺母,使转动压板压紧工件。在底座两边有两个支座螺钉,通过调整螺钉伸出量可以对钻孔的位置进行调整。

## 6.4  CA6140 拨叉 2

CA6140 拨叉 2 零件图如图 6-14 所示。关键面为 $\phi$25mm 内孔、16mm 槽和 12mm 叉口。

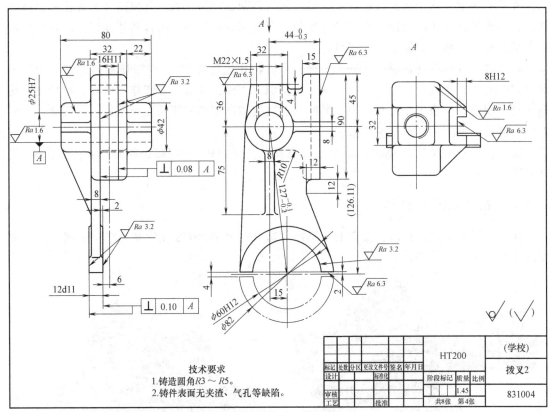

图 6-14  拨叉 2 零件图

CA6140 拨叉 2 三维模型如图 6-15 所示。

### 6.4.1  铣 16mm 槽夹具

在加工 16mm 槽时,工艺要求铣削,给出铣 16mm 槽的夹具结构示例模型如图 6-16 所示。

夹具的定位:以加工好的 $\phi$25mm 的孔为主要定位基准,选用长销作为内孔定位元件,限制了工件的 4 个自由度。用一个挡销限制了工件的 1 个自由度,采用浮动支承限制了工件的 1 个自由度,共限制了工件的 6 个自由度,实现了完全定位。

夹具的夹紧:采用螺旋开口垫圈夹紧机构,实现手动夹紧。

### 6.4.2  铣拨叉 2 叉口侧面夹具

在加工拨叉 2 叉口侧面时,工艺要求铣削,这里给出铣拨叉 2 叉口侧面夹具结构示例三维模型如图 6-17 所示。

图 6-15　CA6140 拨叉 2 三维模型

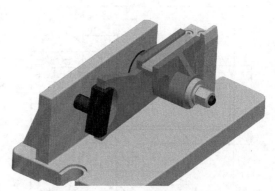

图 6-16　铣 16mm 槽的夹具三维模型

夹具的定位：以加工好的 $\phi25$mm 的孔为主要定位基准，选用长销作为内孔定位，限制了工件的 4 个自由度。以 $\phi42$mm 的圆柱端面为定位时，为了防止过定位，本夹具采用了浮动支承限制了工件的 1 个自由度，最后利用 1 个支承钉限制了工件的 1 个旋转自由度，共限制了工件的 6 个自由度。夹具的夹紧：采用了一联动机构来实现夹紧。通过转动螺母，联动机构运动带动两压板实现了纵向和横向的同时夹紧。这样使得夹紧操作简单，又由于本次工序所需力不大，故采用了手动夹紧。

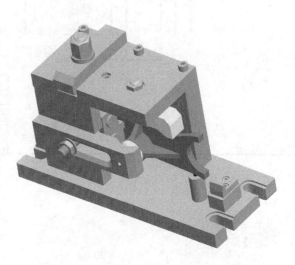

图 6-17　铣拨叉 2 叉口侧面夹具三维模型

## 6.5　CA6140 拨叉 3

CA6140 拨叉 3 零件图如图 6-18 所示。关键面为花键孔、18mm 槽和 8mm 槽。CA6140 拨叉 3 三维模型如图 6-19 所示。

### 6.5.1　铣 40mm×28mm 平面夹具

在加工 40mm×28mm 面时，工艺要求铣削，这里给出铣 40mm×28mm 平面的夹具结构示例三维模型如图 6-20 所示。

夹具的定位：以花键孔和端面为定位基准，花键轴限制 5 个自由度，支承板限制 1 个自由度。

夹具的夹紧：采用楔槽式快速夹紧装置，压块压紧工件，手柄向下扳动时，导套槽中的销带动导套，导套和套筒为螺纹连接，所以能提供较大夹紧力夹紧工件。

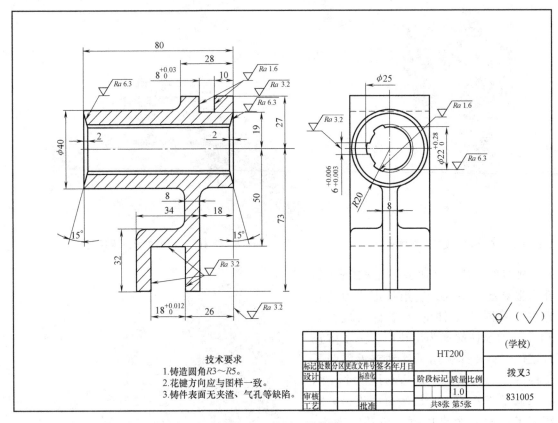

图 6-18　拨叉 3 零件图

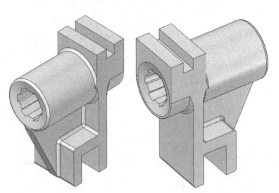

图 6-19　CA6140 拨叉 3 三维模型

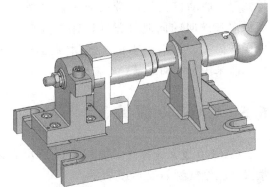

图 6-20　铣 40mm×28mm 槽的夹具三维模型

## 6.5.2　粗铣 8mm 槽夹具

在加工 8mm 槽时，工艺要求铣削，这里给出粗铣 8mm 槽的夹具结构示例三维模型如图 6-21 所示。

夹具的定位：以花键孔和端面为定位基准，花键轴限制 5 个自由度，支承板限制 1 个自由度。

夹具的夹紧：采用气缸夹紧装置，选用管接式耳座气缸。夹紧装置工作时气缸起动，推动顶杆，顶住压板一侧，另一侧压紧工件。工件加工完成后，顶杆缩回，握住手柄滑动压板，取出工件。

### 6.5.3 钻 $\phi22\text{mm}$ 孔夹具

在 $\phi22\text{mm}$ 的孔加工时，工艺要求钻削，这里给出钻 $\phi22\text{mm}$ 孔的夹具结构示例三维模型如图 6-22 所示。

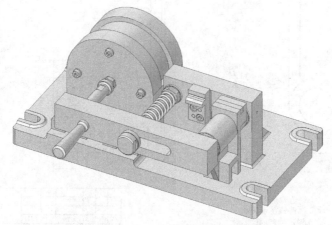

图 6-21 粗铣 8mm 槽的夹具三维模型

夹具的定位：基准面为外圆弧面，使用 V 形块为外圆面定位元件，限制工件的 4 个自由度，用支承钉限制工件的 1 个自由度。

夹具的夹紧：采用楔槽式快速夹紧装置，其特点是夹紧采用手动夹紧，灵活多变，可随时进行调整。

## 6.6 CA6140 拨叉 4

CA6140 拨叉 4 零件图如图 6-23 所示。关键面为 $\phi25\text{mm}$ 内孔、16mm 槽和 12mm 叉口。

CA6140 拨叉 4 三维模型如图 6-24 所示。

在加工 $\phi25\text{mm}$ 的孔时，工艺要求钻削，这里给出钻 $\phi25\text{mm}$ 孔的夹具结构示例三维模型如图 6-25 所示。

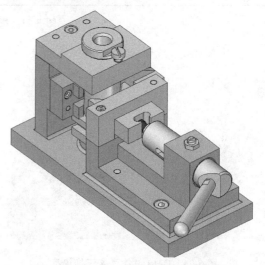

图 6-22 钻 $\phi22\text{mm}$ 孔的夹具三维模型

夹具的定位：工件主要要求孔的精度和垂直精度，以 $\phi40\text{mm}$ 外圆表面为基准，采用 V 形块限制 2 个自由度，底平面限制工件的 3 个自由度。

夹具的夹紧：采用楔槽式快速夹紧装置，其特点是夹紧采用手动夹紧，灵活多变，可随时进行调整。

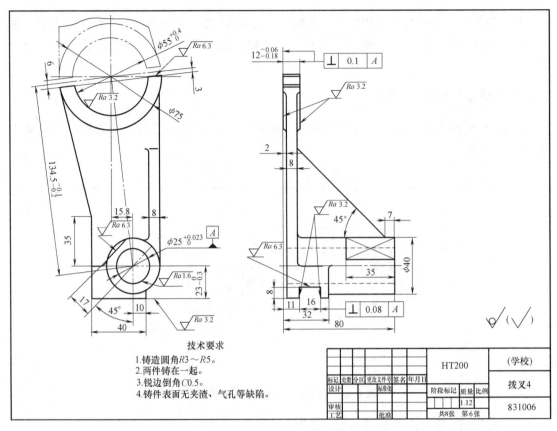

技术要求
1.铸造圆角R3～R5。
2.两件铸在一起。
3.锐边倒角C0.5。
4.铸件表面无夹渣、气孔等缺陷。

| | | | | | | HT200 | (学校) |
|---|---|---|---|---|---|---|---|
| 标记 | 处数 | 分区 | 更改文件号 | 签名 | 年月日 | | 拨叉4 |
| 设计 | | | 标准化 | | | 阶段标记 质量 比例 | |
| 审核 | | | | | | 1.12 | 831006 |
| 工艺 | | | 批准 | | | 共8张 第6张 | |

图6-23 拨叉4零件图

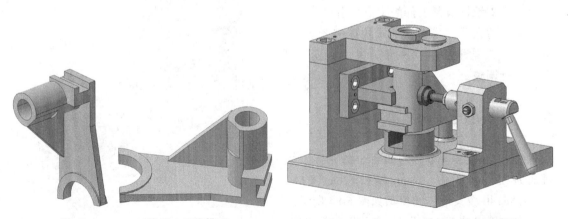

图6-24 CA6140拨叉4三维模型　　　　图6-25 钻φ25mm孔的夹具三维模型

# 6.7 CA6140拨叉5

CA6140拨叉5零件图如图6-26所示。关键面为φ22mm内孔和20mm叉口。

CA6140拨叉5三维模型如图6-27所示。

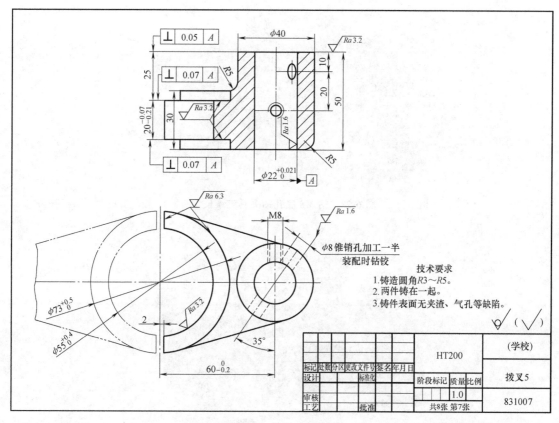

图 6-26 拨叉 5 零件图

## 6.7.1 钻 M8 底孔夹具

在加工 M8 底孔时，工艺要求先钻出底孔，再攻螺纹，这里给出钻 M8 底孔的夹具结构示例三维模型如图 6-28 所示。

工件毛坯铸造时，两件铸在一起，在后续工序中分开。

夹具的定位：一面两销，限制工件的 6 个自由度。

夹具的夹紧：采用螺旋压板机构。

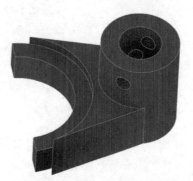

图 6-27 CA6140 拨叉 5 三维模型

## 6.7.2 铣 $\phi$73mm 上平面夹具

在加工 $\phi$73mm 上平面时，工艺要求平面的铣削，这里给出粗铣 $\phi$73mm 上平面的夹具结构示例三维模型如图 6-29 所示。工件毛坯铸造时，两件铸在一起，在后续工序中分开。本夹具同时加工两组工件。

夹具的定位：双 V 形块和底平面定位，限制工件的 6 个自由度。

夹具的夹紧：气缸推动摆杆，带动可移动 V 形块实现工件的定位与夹紧。

本夹具使用气动夹紧装置，同时加工两组工件，装夹效率高。

图 6-28　钻 M8 底孔的夹具三维模型

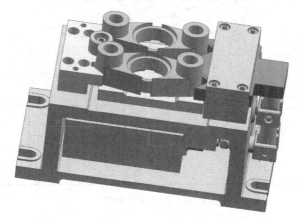

图 6-29　粗铣 $\phi$73mm 上平面的夹具三维模型

# 第7章

## 课程设计示例

>>>>>>>

为了能够规范地完成课程设计，这里提供某零件的课程设计说明书的主要设计过程，借以参考。

## 7.1 封面格式

**机械制造技术课程设计**

## 设计说明书

**设计题目：** ＊＊零件机械加工工艺规程及夹具设计

学 号：_____

设 计 者：_____

指导教师：_____

日 期：_____

# 7.2 设计说明书内容提要及示例

## 一、零件工艺分析

### 1. 零件的作用

介绍设计题目所给定的零件，分析其在装配图或实际工作中的作用。

### 2. 零件的工艺分析

分析主要加工表面及其之间的位置要求。

1）主要表面 1 分析。

2）主要表面 2 分析。

工艺分析总结。

## 二、工艺规程设计及计算

### 1. 毛坯制造

依据零件材料及零件年产量确定毛坯型式，并分析计算毛坯尺寸及技术参数。

### 2. 基准选择

基准的选择是工艺规程设计中的重要工作之一。基准选择得正确与合理，可以使加工质量得到保证，生产率得以提高。否则，加工工艺过程中会问题百出，更有甚者，可能还会造成零件大批报废，使生产无法正常进行。

1）粗基准的选择。分析零件各加工表面，选择粗基准，并阐述相关定位方案。

2）精基准的选择。能应用基准重合定位的基准应尽量采用，当设计基准与工序基准不重合时，应该进行尺寸换算。

### 3. 工艺路线拟定

拟定工艺路线的出发点，应当是使零件的几何形状、尺寸精度及位置精度等技术要求能得到合理的保证。在已确定生产纲领为大批生产的条件下，可以考虑采用通用机床配以专用夹具，并尽量使工序集中，或采用数控机床、加工中心等提高生产率。同时，还应在设备选择时考虑加工的经济问题，在满足产品质量和生产进度的前提下，尽量降低生产成本。

详细列出拟定的工艺路线：

1）工艺路线方案一。

2）工艺路线方案二。

3）工艺路线方案的比较与分析。

分析两个工艺方案的各自特点，对所选取的方案进行进一步优化，给出优化后具体工艺过程。

给出确定的加工路线：

工序 10

工序 20

工序 30

……

### 4. 机械加工余量、工序尺寸及毛坯尺寸的确定

确定零件材料、硬度、毛坯重量、生产类型、毛坯制造方法。

根据上述原始资料及加工工艺，分别确定各加工表面的机械加工余量、工序尺寸及毛坯尺寸，分别对各表面的粗、半精、精、光整进行机械加工余量、工序尺寸计算及确定。如：外圆表面、内孔、花键孔、平面、沟槽等。

### 5. 切削用量的确定

以下以某工序为例给出应列出的相关内容。

工序10：列出本工序加工详细内容。该工序采用计算法确定切削用量。

（1）加工条件　应列出：①工件材料、毛坯制造方法。②加工要求。③所选机床及型号。④所选刀具及其具体参数，如：刀片材料、刀杆尺寸等。

（2）计算切削用量

1）粗加工某表面。①取背吃刀量 $a_p$ 值。②计算进给量 $f$ 值。③计算切削速度，按切削速度公式，计算 $v_C$ 值。④计算机床主轴转速，按机床主轴转速系列选取主轴转速，再根据新的主轴转速计算实际切削速度 $v_C$ 值。

2）依次计算该表面半精、精、光整加工的背吃刀量 $a_p$ 值、进给量 $f$ 值、切削速度 $v_C$ 值。

工序20、工序30等依次计算。

### 6. 工艺文件填写

依据以上分析与计算，完整填写工艺卡片。

## 三、夹具设计

### 1. 设计要求

在编制完工艺规程后，同组同学应讨论并明确分工，指导老师同意后，分配待设计的机床夹具，并把结果提交指导教师审核。

简单介绍待设计夹具的类型、使用场合及其他使用条件、配合的刀具及加工形式、本夹具主要定位及安装要求。

### 2. 定位设计

1）定位基准选择。说明定位方案及限制的自由度情况。

2）定位误差分析与计算。①定位元件尺寸及公差的确定。②通过计算说明该定位元件及定位方式能满足零件的精度要求。

### 3. 夹紧部分设计

从提高劳动生产率角度考虑本部分结构，应首选机动夹紧而不采用手动夹紧。简述夹紧方式、结构及夹紧原理，并说明此种夹紧方式的优缺点及采取的改进措施。

依据夹紧情况，计算切削力、重力、离心力等来确定实际夹紧力，分析该夹紧方式提供的夹紧力，说明本夹具可安全工作。

### 4. 其他部分设计及说明

分别计算或说明对刀块、钻套、镗套、定位键、夹具体等其他部件。

夹具的装配图及夹具体零件图见图样。

## 四、总结

该部分主要说明本课程设计的工作过程、工作内容及取得的成绩、收获不足。例如：

"为期几周的工艺、夹具课程设计基本结束，回顾整个过程，我觉得受益匪浅。课程设计使理论与实践更加接近，加深了理论知识的理解，强化了生产实习中的感性认识。

本次课程设计主要经过了两个阶段。第一阶段是机械加工工艺规程设计，第二阶段是专用夹具设计。第一阶段中本人认真复习了有关书本知识，学会了如何分析零件的工艺性，如何查有关手册，选择加工余量、确定毛坯的类型、形状、大小等，绘制出了毛坯图。又根据毛坯图和零件图构想出两种工艺方案，比较确定其中较合理的方案来编制工艺。其中运用了基准选择、切削用量选择计算等方面的知识。还结合了我们生产实习中所看到的实际情况选定设备，填写了工艺文件。夹具设计阶段，学习了运用工件定位、夹紧及零件结构设计等方面的知识。

通过这次设计，我基本掌握了一个中等复杂零件的加工过程分析、工艺文件的编制、专用夹具设计的方法和步骤。学会了查阅手册，选择使用工艺装备等。

总的来说，这次设计，使我在基本理论的综合运用以及正确解决实际问题等方面得到了一次较好的训练。提高了我独立思考问题、解决问题以及创新设计的能力，为以后的设计工作打下了较好的基础。由于自己能力所限，设计中还有许多不足之处，恳请各位老师、同学们批评指正。"

# 第8章

# 课程设计图例

## 1. 轴杆类零件

轴杆类零件如图 8-1 ~ 图 8-8 所示。

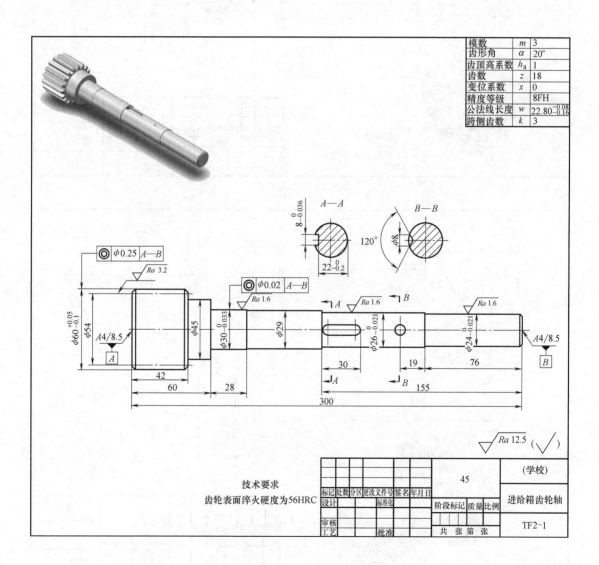

图 8-1 进给箱齿轮轴

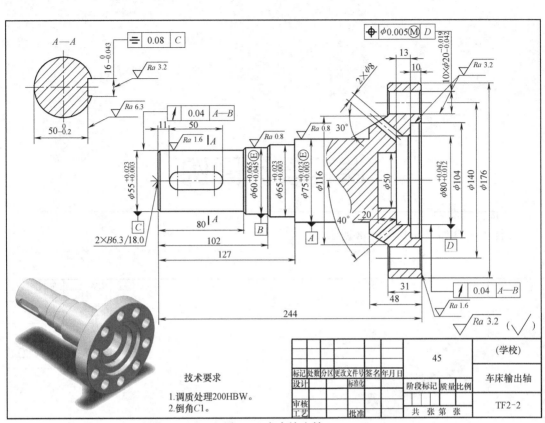

图 8-2　车床输出轴

技术要求

1.调质处理200HBW。
2.倒角C1。

| | | | | | | 45 | （学校） |
|---|---|---|---|---|---|---|---|
| 标记 | 处数 | 分区 | 更改文件号 | 签名 | 年月日 | | 车床输出轴 |
| 设计 | | | | 标准化 | | 阶段标记 质量 比例 | |
| 审核 | | | | | | | TF2-2 |
| 工艺 | | | 批准 | | | 共 张 第 张 | |

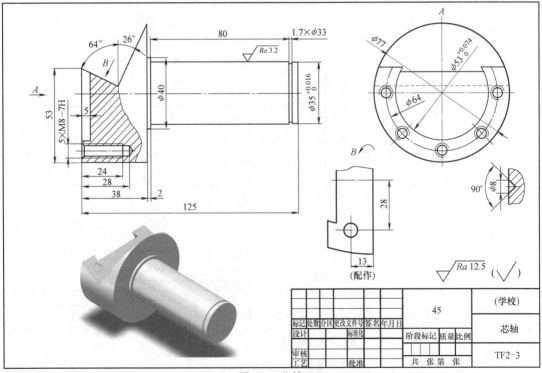

图 8-3　芯轴

| | | | | | | 45 | （学校） |
|---|---|---|---|---|---|---|---|
| 标记 | 处数 | 分区 | 更改文件号 | 签名 | 年月日 | | 芯轴 |
| 设计 | | | | 标准化 | | 阶段标记 质量 比例 | |
| 审核 | | | | | | | TF2-3 |
| 工艺 | | | 批准 | | | 共 张 第 张 | |

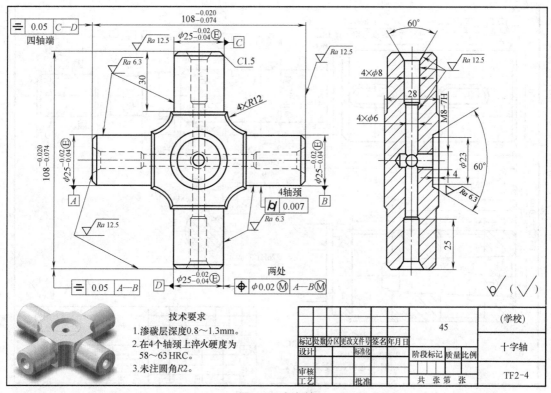

图 8-4　十字轴

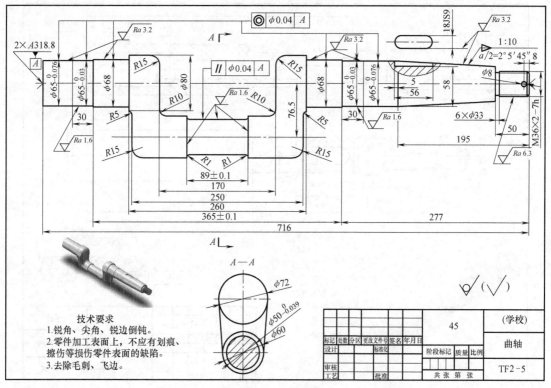

图 8-5　曲轴

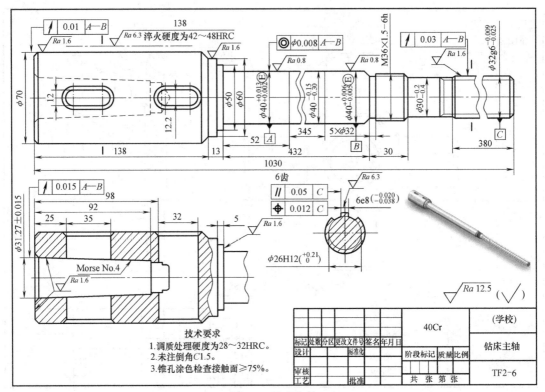

图 8-6　钻床主轴

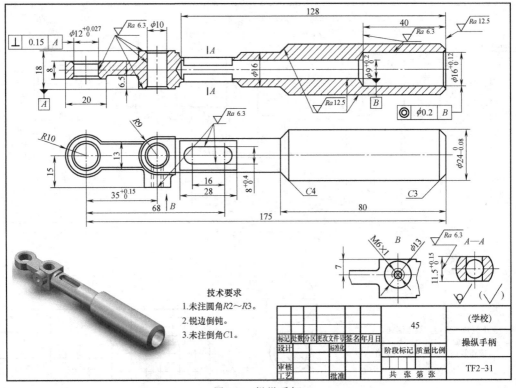

图 8-7　操纵手柄

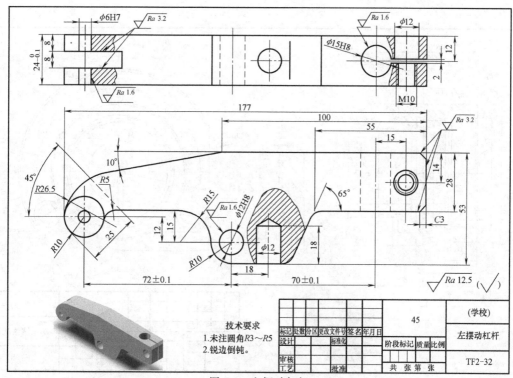

技术要求
1.未注圆角R3~R5
2.锐边倒钝。

| 标记 | 处数 | 分区 | 更改文件号 | 签名 | 年月日 | | 45 | | (学校) |
|---|---|---|---|---|---|---|---|---|---|
| 设计 | | | 标准化 | | | | | | 左摆动杠杆 |
| | | | | | | 阶段标记 | 质量 | 比例 | |
| 审核 | | | | | | | | | TF2-32 |
| 工艺 | | | 批准 | | | 共 张 第 张 | | | |

图 8-8　左摆动杠杆

## 2. 轮盘类零件

轮盘类零件如图 8-9~图 8-12 所示。

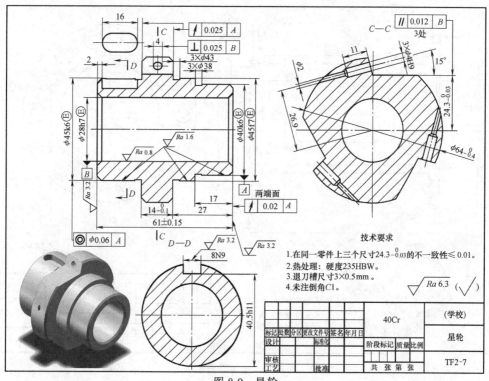

技术要求

1.在同一零件上三个尺寸 $24.3_{-0.03}^{0}$ 的不一致性≤ 0.01。
2.热处理：硬度235HBW。
3.退刀槽尺寸3×0.5mm。
4.未注倒角C1。

| 标记 | 处数 | 分区 | 更改文件号 | 签名 | 年月日 | | 40Cr | | (学校) |
|---|---|---|---|---|---|---|---|---|---|
| 设计 | | | 标准化 | | | | | | 星轮 |
| | | | | | | 阶段标记 | 质量 | 比例 | |
| 审核 | | | | | | | | | TF2-7 |
| 工艺 | | | 批准 | | | 共 张 第 张 | | | |

图 8-9　星轮

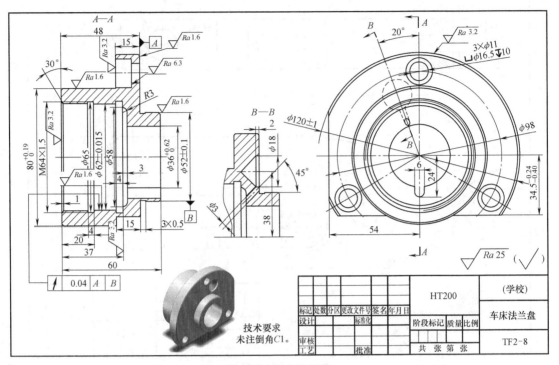

图 8-10 车床法兰盘

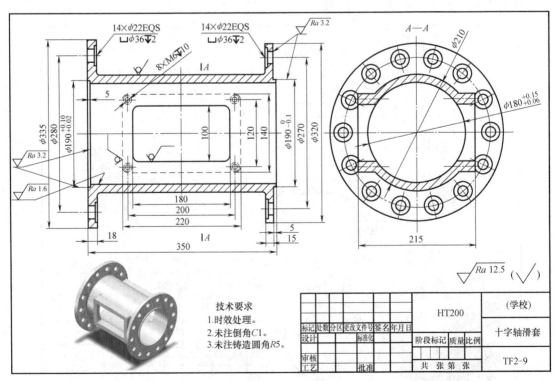

图 8-11 十字轴滑套

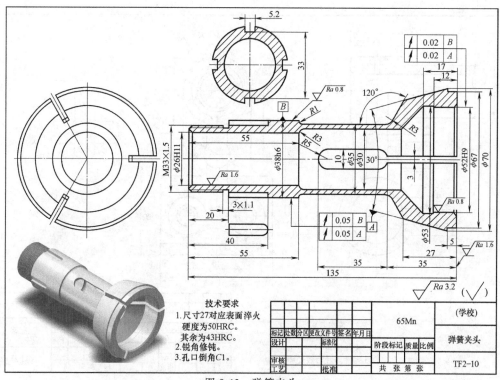

图 8-12 弹簧夹头

## 3. 支架类零件

支架类零件如图 8-13 ~ 图 8-19 所示。

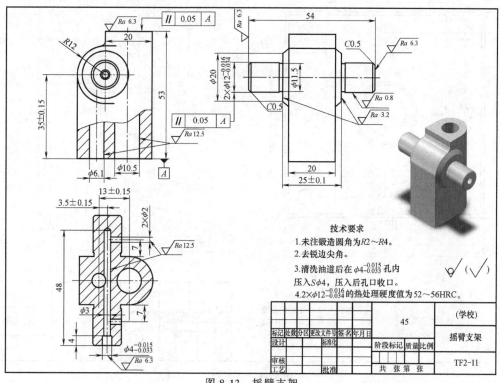

图 8-13 摇臂支架

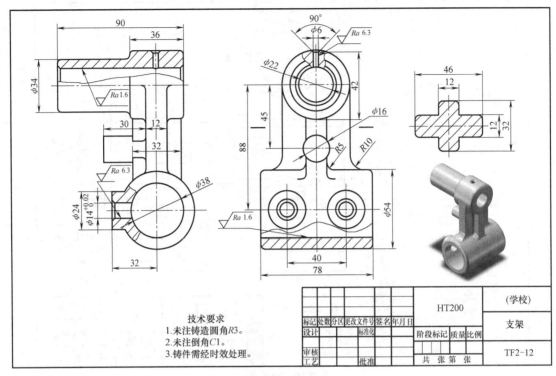

技术要求
1.未注铸造圆角R3。
2.未注倒角C1。
3.铸件需经时效处理。

| | | | | | | | | HT200 | (学校) |
|---|---|---|---|---|---|---|---|---|---|
| 标记 | 处数 | 分区 | 更改文件号 | 签名 | 年月日 | | | | 支架 |
| 设计 | | | 标准化 | | | | 阶段标记 | 质量比例 | |
| 审核 | | | | | | | | | TF2-12 |
| 工艺 | | | 批准 | | | 共 张 第 张 | | | |

图 8-14 支架

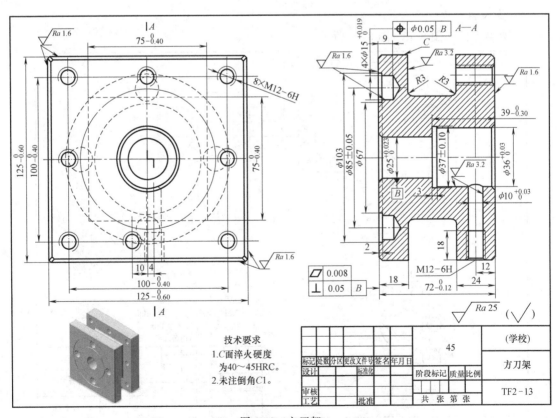

技术要求
1.C面淬火硬度
  为40~45HRC。
2.未注倒角C1。

| | | | | | | | | 45 | (学校) |
|---|---|---|---|---|---|---|---|---|---|
| 标记 | 处数 | 分区 | 更改文件号 | 签名 | 年月日 | | | | 方刀架 |
| 设计 | | | 标准化 | | | | 阶段标记 | 质量比例 | |
| 审核 | | | | | | | | | TF2-13 |
| 工艺 | | | 批准 | | | 共 张 第 张 | | | |

图 8-15 方刀架

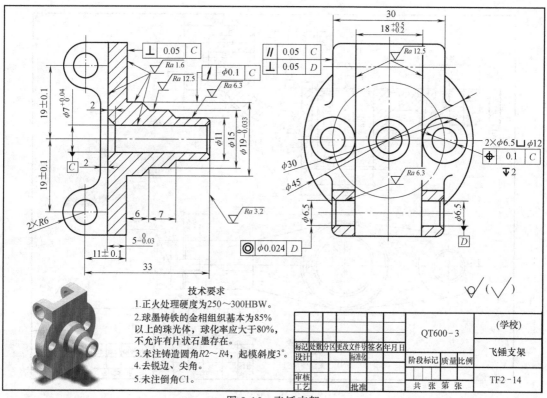

技术要求
1. 正火处理硬度为250～300HBW。
2. 球墨铸铁的金相组织基本为85%以上的珠光体，球化率应大于80%，不允许有片状石墨存在。
3. 未注铸造圆角R2～R4，起模斜度3°。
4. 去锐边、尖角。
5. 未注倒角C1。

| | | | | | | QT600-3 | | (学校) |
|---|---|---|---|---|---|---|---|---|
| 标记 | 处数 | 分区 | 更改文件号 | 签名 | 年月日 | | | 飞锤支架 |
| 设计 | | | 标准化 | | | 阶段标记 | 质量 比例 | |
| 审核 | | | | | | | | TF2-14 |
| 工艺 | | | 批准 | | | 共 张 第 张 | | |

图 8-16　飞锤支架

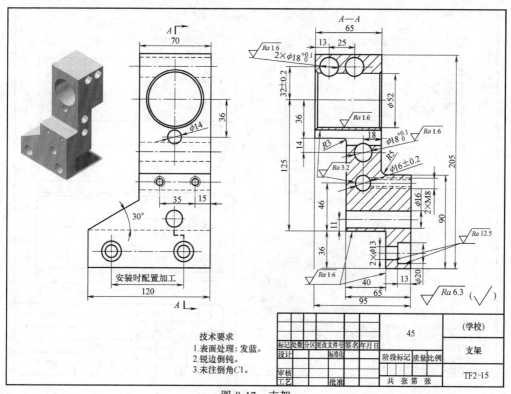

技术要求
1. 表面处理：发蓝。
2. 锐边倒钝。
3. 未注倒角C1。

| | | | | | | 45 | | (学校) |
|---|---|---|---|---|---|---|---|---|
| 标记 | 处数 | 分区 | 更改文件号 | 签名 | 年月日 | | | 支架 |
| 设计 | | | 标准化 | | | 阶段标记 | 质量 比例 | |
| 审核 | | | | | | | | TF2-15 |
| 工艺 | | | 批准 | | | 共 张 第 张 | | |

图 8-17　支架

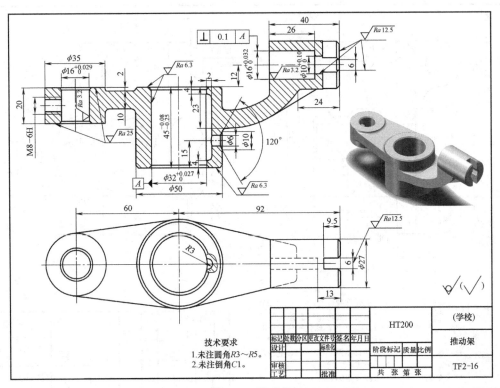

技术要求
1. 未注圆角R3～R5。
2. 未注倒角C1。

HT200

（学校）

推动架

TF2-16

图 8-18　推动架

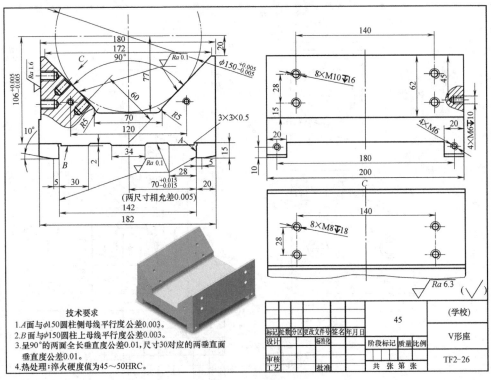

技术要求
1. A面与φ150圆柱侧母线平行度公差0.003。
2. B面与φ150圆柱上母线平行度公差0.003。
3. 呈90°的两面全长垂直度公差0.01，尺寸30对应的两垂直面垂直度公差0.01。
4. 热处理：淬火硬度值为45～50HRC。

45

（学校）

V形座

TF2-26

图 8-19　V形座

### 4. 支座类零件

支座类零件如图 8-20 ~ 图 8-27 所示。

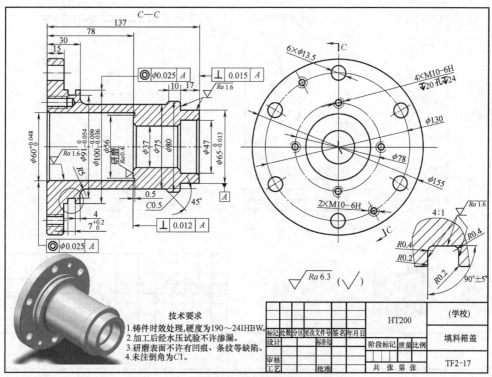

图 8-20 填料箱盖

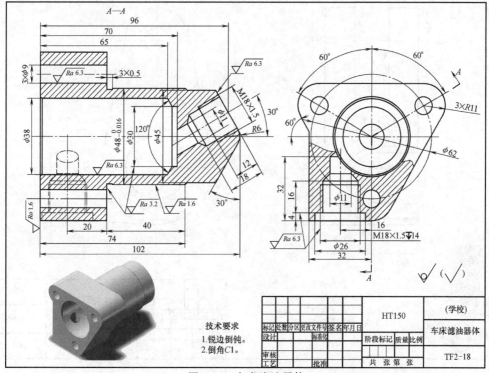

图 8-21 车床滤油器体

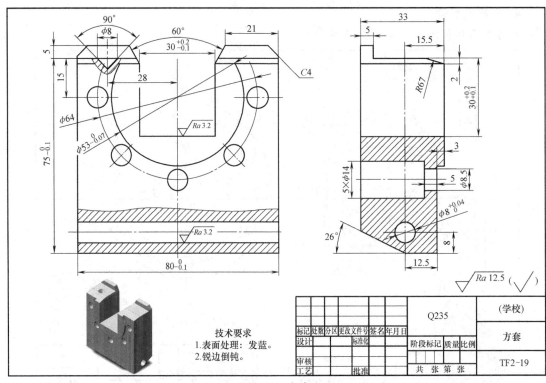

图 8-22  方套

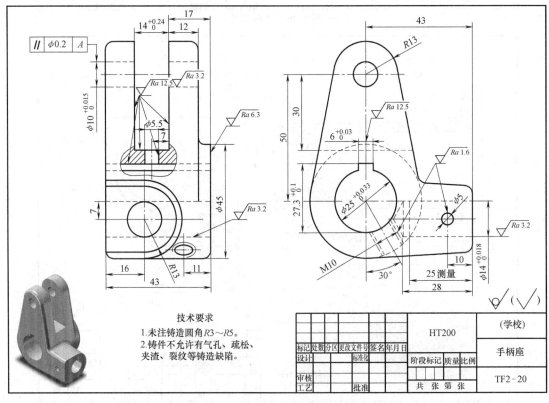

图 8-23  手柄座

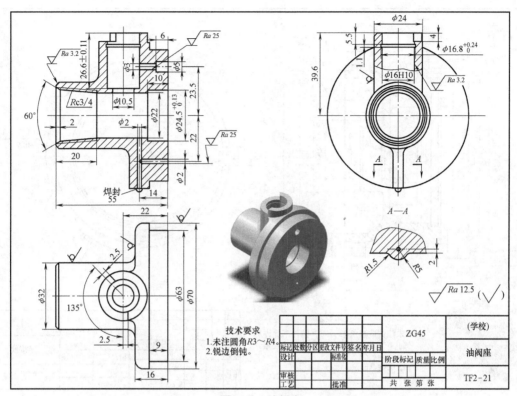

图 8-24 油阀座

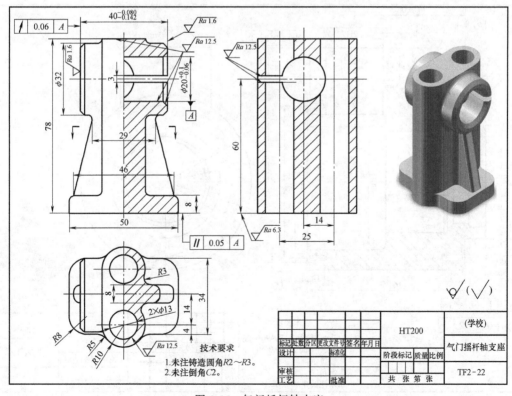

图 8-25 气门摇杆轴支座

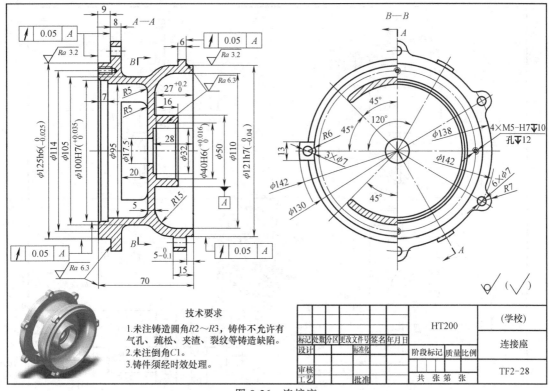

**技术要求**

1. 未注铸造圆角R2~R3，铸件不允许有气孔、疏松、夹渣、裂纹等铸造缺陷。
2. 未注倒角C1。
3. 铸件须经时效处理。

| | | | | | | | HT200 | | (学校) |
|---|---|---|---|---|---|---|---|---|---|
| 标记 | 处数 | 分区 | 更改文件号 | 签名 | 年月日 | | | | 连接座 |
| 设计 | | | 标准化 | | | 阶段标记 | | 质量 比例 | |
| 审核 | | | | | | | | | TF2-28 |
| 工艺 | | | 批准 | | | 共 张 第 张 | | | |

图 8-26　连接座

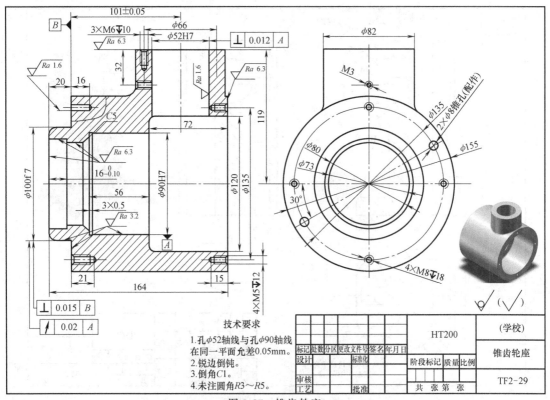

**技术要求**

1. 孔$\phi$52轴线与孔$\phi$90轴线在同一平面允差0.05mm。
2. 锐边倒钝。
3. 倒角C1。
4. 未注圆角R3~R5。

| | | | | | | | HT200 | | (学校) |
|---|---|---|---|---|---|---|---|---|---|
| 标记 | 处数 | 分区 | 更改文件号 | 签名 | 年月日 | | | | 锥齿轮座 |
| 设计 | | | 标准化 | | | 阶段标记 | | 质量 比例 | |
| 审核 | | | | | | | | | TF2-29 |
| 工艺 | | | 批准 | | | 共 张 第 张 | | | |

图 8-27　锥齿轮座

## 5. 箱体类零件

箱体类零件如图 8-28~图 8-32 所示。

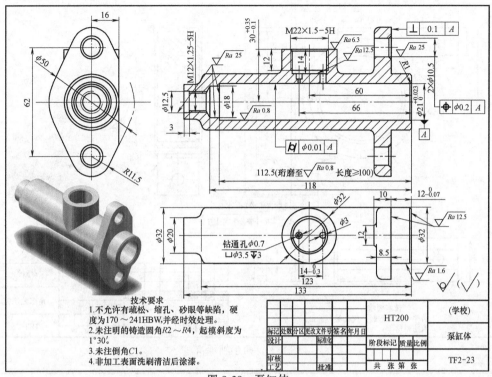

技术要求
1.不允许有疏松、缩孔、砂眼等缺陷，硬度为170～241HBW,并经时效处理。
2.未注明的铸造圆角R2～R4,起模斜度为1°30′。
3.未注倒角C1。
4.非加工表面洗刷清洁后涂漆。

图 8-28　泵缸体

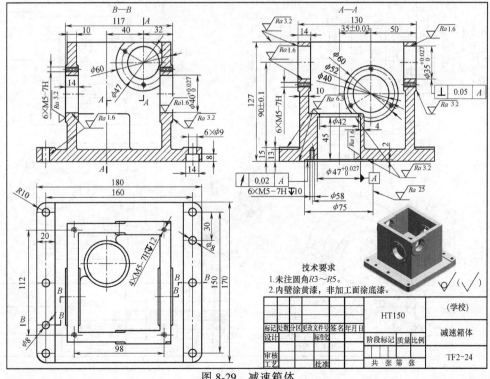

技术要求
1.未注圆角R3～R5。
2.内壁涂黄漆，非加工面涂底漆。

图 8-29　减速箱体

187

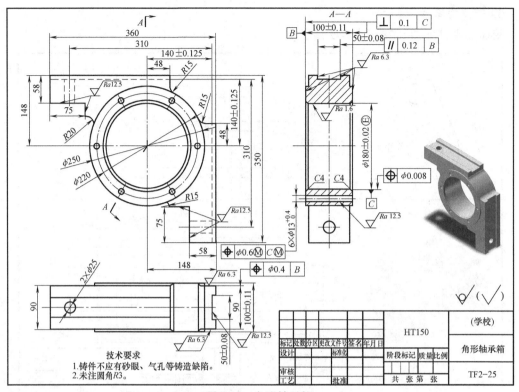

图 8-30　角形轴承箱

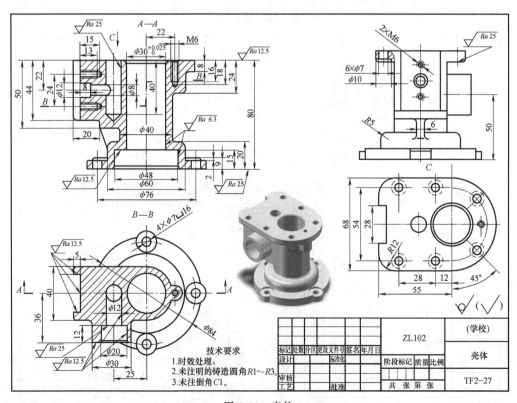

图 8-31　壳体

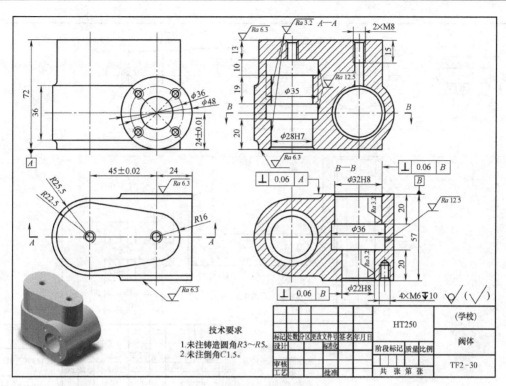

技术要求

1.未注铸造圆角R3～R5。

2.未注倒角C1.5。

| | | | | | HT250 | | | （学校） |
|---|---|---|---|---|---|---|---|---|
| 标记 | 处数 | 分区 | 更改文件号 | 签名 年月日 | | | | 阀体 |
| 设计 | | | 标准化 | | 阶段标记 | 质量 | 比例 | |
| 审核 | | | | | | | | TF2－30 |
| 工艺 | | | 批准 | | 共 张 第 张 | | | |

图 8-32　阀体

## 6. 其他零件

其他零件如图 8-33～图 8-35 所示。

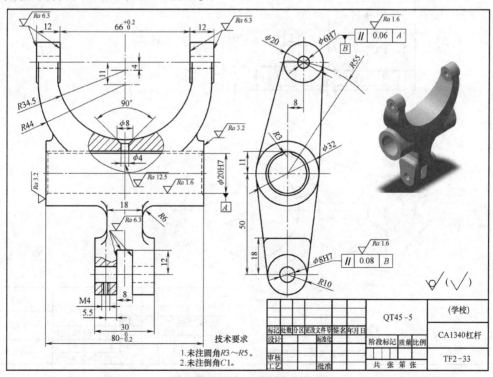

技术要求

1.未注圆角R3～R5。

2.未注倒角C1。

| | | | | | QT45－5 | | | （学校） |
|---|---|---|---|---|---|---|---|---|
| 标记 | 处数 | 分区 | 更改文件号 | 签名 年月日 | | | | CA1340杠杆 |
| 设计 | | | 标准化 | | 阶段标记 | 质量 | 比例 | |
| 审核 | | | | | | | | TF2－33 |
| 工艺 | | | 批准 | | 共 张 第 张 | | | |

图 8-33　CA1340 杠杆

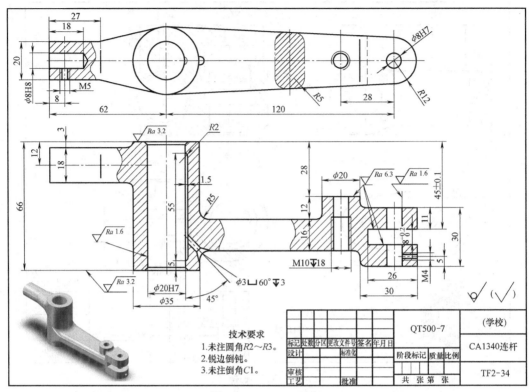

图 8-34　CA1340 连杆

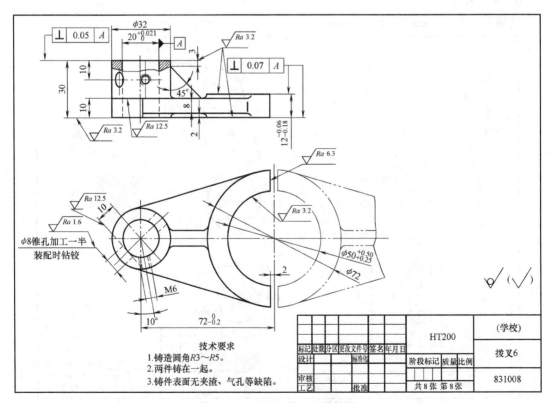

图 8-35　CA6140 拨叉 6 零件图

# 参 考 文 献

［1］ 白婕静，万宏强. 机械制造技术课程设计［M］. 北京：兵器工业出版社，2008.

［2］ 万宏强. 机械制造技术课程设计指导. 西安：西北工业大学出版社，2013.

［3］ 赵家齐，邵东向. 机械制造工艺学课程设计指导书［M］. 北京：机械工业出版社，2016.

［4］ 孙丽媛. 机械制造工艺及专用夹具设计指导［M］. 北京：冶金工业出版社，2010.

［5］ 陈宏钧. 实用机械加工工艺手册［M］. 4版. 北京：机械工业出版社，2016.

［6］ 倪森寿. 机械制造工艺与装备习题集和课程设计指导书［M］. 3版. 北京：化学工业出版社，2015.

［7］ 王雁彬. 机械加工技师手册［M］. 北京：机械工业出版社，2013.

［8］ 李益民. 机械制造工艺设计简明手册［M］. 北京：机械工业出版社，2016.

［9］ 袁哲俊，刘献礼. 金属切削刀具设计手册［M］. 北京：机械工业出版社，2018.

［10］ 徐圣群. 简明机械加工工艺手册［M］. 上海：上海科学技术出版社，1991.

［11］ 孙本绪. 熊万武. 机械加工余量手册［M］. 北京：国防工业出版社，2004.

［12］ 李洪. 机械加工工艺手册［M］. 北京：北京出版社，1990.

［13］ 曹岩. 机床夹具手册与三维图库（SolidWorks版）［M］. 北京：化学工业出版社，2010.

［14］ 曹岩，白瑀. 组合夹具手册与三维图库（SolidWorks版）［M］. 北京：化学工业出版社，2013.

［15］ 机械加工技术手册编写组. 机械加工技术手册［M］. 北京：北京出版社，1989.

［16］ 吴静，张旭. 机床夹具设计50例［M］. 北京：中国劳动社会保障出版社，2014.

［17］ 陈宏钧. 金属切削速查速算手册［M］. 5版. 北京：机械工业出版社，2016.

［18］ 艾兴，肖诗纲. 切削用量简明手册［M］. 3版. 北京：机械工业出版社，1994.